CLINICAL MANUAL OF PIEZOELECTRIC SURGERY
超声骨刀临床应用指南

Berlin | Chicago | Tokyo
Barcelona | London | Milan | Mexico City | Paris | Prague | Seoul | Warsaw
Beijing | Istanbul | Sao Paulo | Zagreb

◎ **超声骨刀的实用基础**

Clinical Manual of Piezoelectric Surgery

超声骨刀临床应用指南

（日）小川胜久（小川勝久） 李志进 著

北方联合出版传媒（集团）股份有限公司
辽宁科学技术出版社
沈 阳

图文编辑

刘 菲　刘 娜　康 鹤　肖 艳　王静雅　纪凤薇　刘玉卿　张 浩　曹 勇　杨 洋

图书在版编目（CIP）数据

超声骨刀临床应用指南 /（日）小川胜久，李志进著. —沈阳：辽宁科学技术出版社，2024.1
　ISBN 978-7-5591-3149-2

　Ⅰ. ①超… Ⅱ. ①小… ②李… Ⅲ. ①口腔外科手术—医疗器械—指南 Ⅳ. ①TH787-62

中国国家版本馆CIP数据核字（2023）第150008号

出版发行：辽宁科学技术出版社
　　　　　（地址：沈阳市和平区十一纬路25号　邮编：110003）
印 刷 者：深圳市福圣印刷有限公司
经 销 者：各地新华书店
幅面尺寸：210mm×285mm
印　　张：7.25
插　　页：4
字　　数：160千字
出版时间：2024 年 1 月第 1 版
印刷时间：2024 年 1 月第 1 次印刷
策划编辑：陈　刚
责任编辑：殷　欣　张丹婷
封面设计：周　洁
版式设计：周　洁
责任校对：张　晨

书　　号：ISBN 978-7-5591-3149-2
定　　价：168.00 元

投稿热线：024-23280336
邮购热线：024-23280336
E-mail:cyclonechen@126.com
http://www.lnkj.com.cn

ABOUT THE AUTHORS

作者简介

小川胜久（小川勝久）

教授

1982年毕业于日本城西齿科大学（现为日本明海大学齿学部）

1982年担任日本城西齿科大学修复科第二讲座讲师助理

1992年创办日本医疗法人社团清贵会小川齿科

1992年日本鹤见大学齿学部口腔颌面种植科兼职导师

2012年日本神奈川齿科大学腭口腔机能修复学讲座讲师，冠桥修复学客座教授

李志进

博士、副主任医师

毕业于第四军医大学口腔医学院

从事口腔颌面外科和口腔种植临床工作19年

现任卓正医疗武汉齿科中心种植专科医师

国际种植牙专科医师学会（ICOI）中国专家委员会理事

"九头鸟唛种植"学术组织创办人之一

湖北省口腔医学会口腔种植专业委员会委员

湖北省口腔医学会牙周病学专业委员会委员

盖氏中国（Geistlich China）再生学院讲师

诺保科、登士柏、ABT种植系统培训讲师

奥齿泰OIC特聘讲师

PREFACE

前言

以往在进行骨外科手术时通常会使用外科手机（Engine handpiece），特别是在进行自体骨移植时，会使用电动口腔种植手术器械（Trephine bur）或外科微锯（Micro saw）从下颌支前缘和下颌骨正中联合部取骨。虽然这些手术器械能够有效地切除和取骨，但器械的振动会给患者带来明显的不适和精神压力，并可能引起并发症，例如邻近软组织撕裂等。

近年来，研发出的用于骨外科手术的超声骨刀（Piezosurgery）能够以24.7~29.5KHz的低频及20~60μm的微振动进行精细的骨切除和骨整形，同时不会对周围的软组织产生损害，十分安全。

此外，根据使用目的的不同，有多种类型和形状的工作尖供选择，不仅能够在口腔深处进行精确的截骨和切除，还可以在多种情况下提高治疗质量。例如上颌窦外提升术、种植体植入、牙周辅助加速成骨正畸、根管治疗，乃至美学修复中的基台预备，可以说是一种十分优秀的手术器械。

本书将通过大量的临床照片和实际手术视频，以超声骨刀系统VarioSurg

（NSK）为例，为读者详细介绍超声骨刀手术这一新概念，并以通俗易懂的方式帮助读者掌握其临床应用的要点。我可以很负责任地说，通过使用超声骨刀系统，可以为患者提供划时代的口腔治疗。

作为合著者，在此向提供优秀病例和治疗技术的李志进医生、毛内伸威医生及三串雄俊医生致以诚挚的感谢。同时，日本中西株式会社的中西英一社长及川崎聪学术部长也在我执笔和出版时提供了莫大的帮助，由衷感谢你们。

最后，我想要向40年前，在中国西安召开的中国第二届口腔修复学学会上给予我演讲机会的恩师——日本明海大学齿学部的片山伊九右卫门教授和中国第四军医大学的徐君伍教授汇报本书的出版。

希望本书能对中国口腔医疗的发展做出贡献，并进一步促进中日友好。

2023年3月

小川胜久（小川勝久）

CONTENTS

目录

001　第1章

超声骨刀的概述和工作尖的使用方法

015　第2章

外科手术中的团队合作和模型外科

023　第3章

自体骨和骨填充材料的使用方法

033　第4章

拔牙

041　第5章

应用于侧壁开窗上颌窦底提升术

051　第6章

应用于经嵴顶上颌窦底提升术

057 第7章

牙槽窝保存术和牙槽嵴骨劈开术

079 第8章

美学区的块状骨移植

093 第9章

种植体植入

103 参考文献

1

第1章

超声骨刀的概述和工作尖的使用方法

在本章中,我们将以VarioSurg3为例,对外科超声设备(超声骨刀)进行概述,并对典型的硬组织手术处理进行解说。

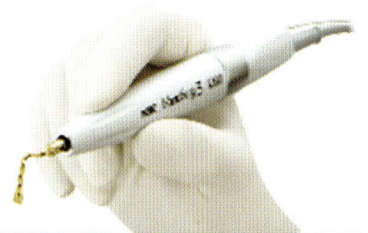

◎ 超声骨刀的概述和VarioSurg3的优势

使用Tomaso Vercellotti博士开发的超声骨刀（Piezosurgery）进行手术时，可以采用专用工作尖进行精细的骨切除和骨修整。其中，超声骨刀Piezo Surgery采用24~29.5KHz的超声波，超声骨刀"Piezo Surgery touch"采用24~36KHz的超声波和20~60μm的微振动。并且，不会造成周围软组织损伤，具有很高的安全性。有报告显示，与传统的骨锯和微型骨锯相比，上述超声骨

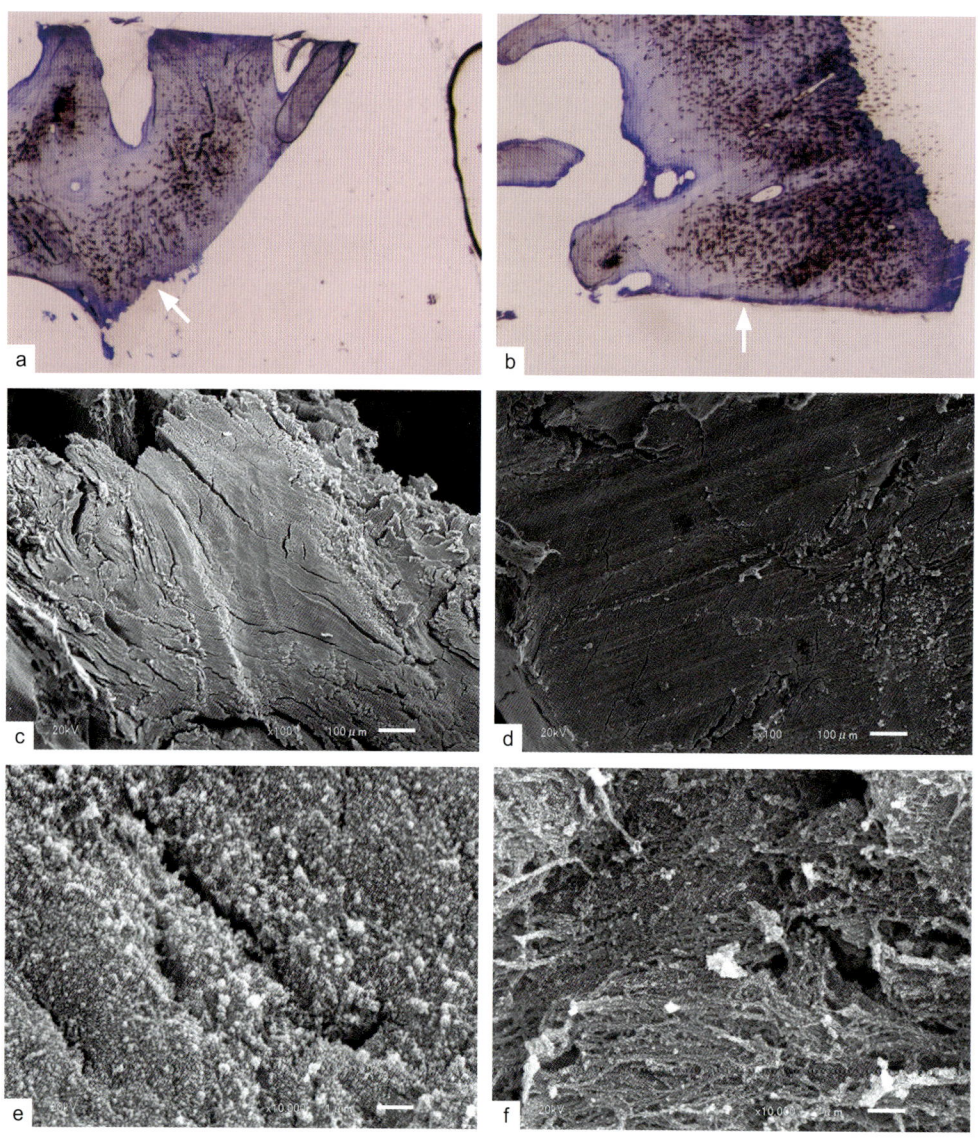

图1-1a~f 扫描电子显微镜照片（由日本佐贺大学医学部口腔外科的檀上敦副教授提供）

a：用外科环钻切割的骨切面（40倍）。基本是均匀切割，但在部分区域可以观察到骨塑建面；b：用VarioSurg切割的骨切面（40倍）。基本是直线切割，没有观察到骨灼伤；c：用外科环钻切割的骨切面（100倍）。在骨切面，可以观察到一些微小骨裂；d：用VarioSurg切割的骨切面（100倍）。基本没有观察到微小骨裂，并且骨切面是光滑的；e：用外科环钻切割的骨切面（10000倍）。在放大图像中，可以观察到无数的骨碎片；f：用VarioSurg切割的骨切面（10000倍）。在放大图像中，可以观察到胶原纤维的残端，并且骨碎片很少

第1章 超声骨刀的概述和工作尖的使用方法

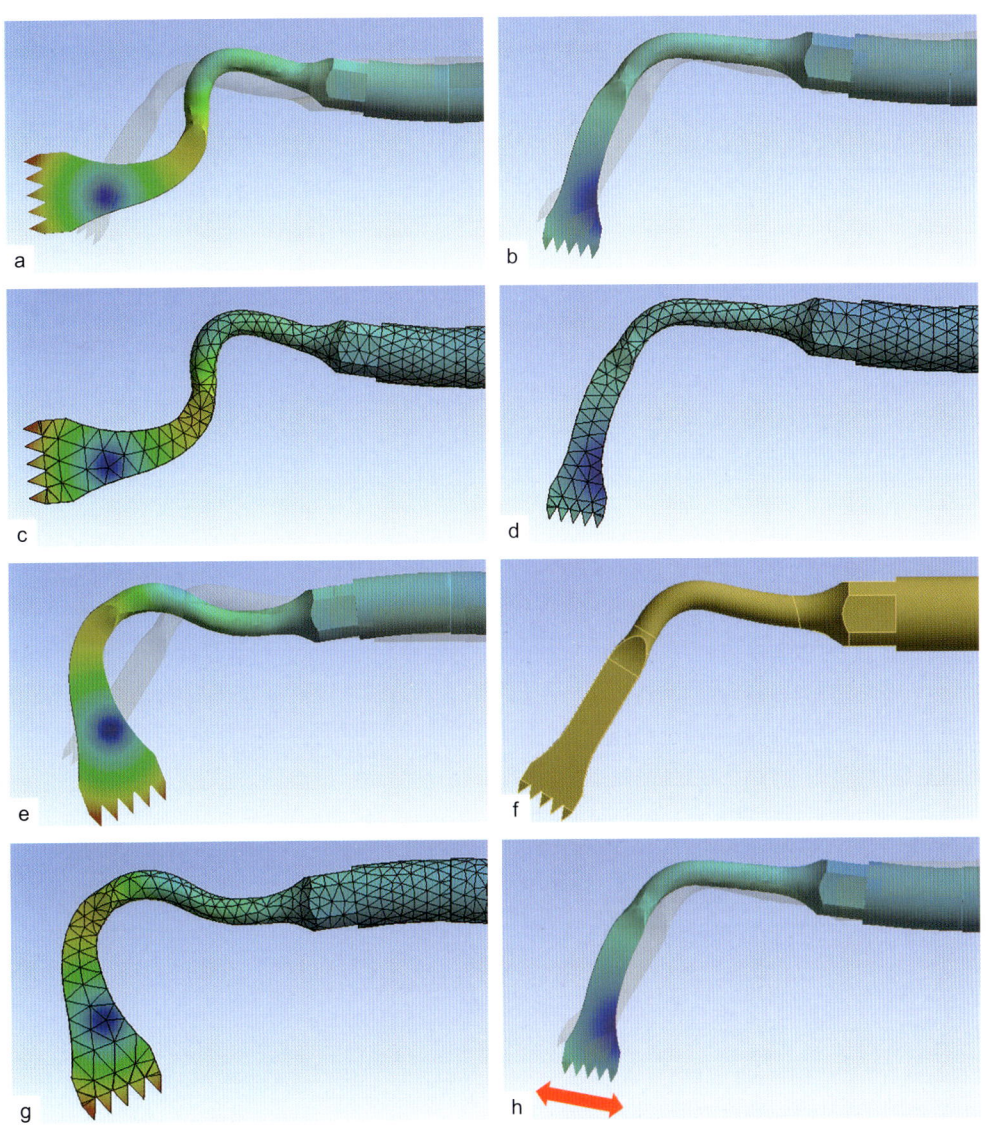

图1-2a～h 工作尖的振动

刀对骨组织的伤害更小。

VarioSurg3（NSK）也是如此，根据檀上敦副教授等学者的研究，通过扫描电镜观察"用外科环钻（Trephine drill）切割的骨组织"和"用VarioSurg3切割的骨组织"时，两者的骨切面所呈现的损伤程度有显著差异，从而证实了VarioSurg3在外科手术中具有优势（图1-1）。

◎ 工作尖的振动

在VarioSurg3中，工作尖的超声波振动是每秒28000～32000次的前后往复运动。如图1-2所示，看起来像残影的部分是原来的工作尖形状，蓝色部分表示出现移动变化的位置。实际上并非以这种方式运动，但由于注明了运动方向，所以

003

可以想象出是朝哪个方向运动。理解了这一点，就可以更高效地进行切割，例如，当把工作尖放到骨面上时，就能想象出应该朝哪个方向移动，才能获得更好的切割效果。基本可以认为，除了一些特殊形状的工作尖，几乎所有的工作尖都是这样前后移动操作的。

◎ **VarioSurg3的特点**

1. 可在超声波和种植机之间切换的联动功能

使用专用的联动台和电缆，配合NSK的种植机（SurgicPro），可将种植机（上）和超声波（下）分为上下两层使用（**图1-3**）。即使是设有专用手术室的诊所，也需要使用很多器材进行手术，如**图1-3**所示，这样联动仅需很小的安装空间，这一点非常实用。此外，只需一个脚踏控制器，即可实现"1个踏板，2种操作"，操作2种功能（超声骨刀和种植机）。拔牙后立即植入种植体时，或者拔除前牙时，或者用超声骨刀为倾斜种植定点时，可以无缝衔接且高效地使用2种功能进行手术，这在临床方面具有很高的实用价值。

2. 带有LED灯的纤细手机

带有LED灯的纤细手机，便于稳定、牢固地持握，即使进行长时间手术也不易感到疲劳（**图1-4**）。此外，还可实现从手机到手机导线的整体消毒处理。手机和手机导线是一体的，无法拆卸，因此操作时请勿强行拆下手机导线。

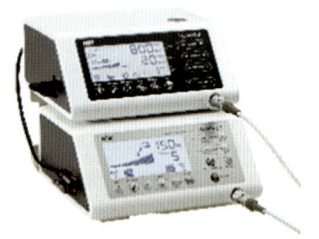

图1-3 可在超声波和种植机之间切换的联动功能

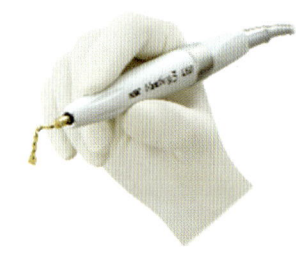

图1-4 带有LED灯的纤细手机

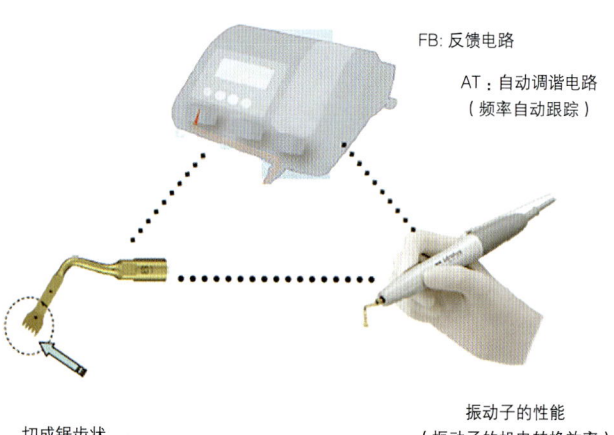

切成锯齿状　　振动子的性能（振动子的机电转换效率）

FB：反馈电路
AT：自动调谐电路（频率自动跟踪）

图1-5 三位一体的平衡系统

3. 三位一体的平衡系统

外科超声波设备装置（超声骨刀）与种植机等不同，不存在标识力（做功量）的所谓扭矩值。虽然出现了"○Watt"的标识，但该数值（Watt）与做功量（切割效率）不成正比。换言之，机身（电路）+手机（变幅杆）+工作尖三者的组合，即所谓的平衡性差异，很大程度上决定了切割能力。从这方面来讲，VarioSurg3的设计是以最小的输出功率来实现高效切割（**图1-5**）。

骨外科工作尖拥有多种类型和形状，包括：以H-SG1为代表的用于切骨的骨锯型工作尖、以SG4为代表的带有锋利刀刃的解剖刀形状的工作尖、以SG7D为代表的带有金刚石涂层的用于精细骨切除的工作尖。正确使用这些工作尖，能够在口腔深处轻松地进行精确的操作，也可进行精细的外科手术。

使用带有金刚石涂层的SG6D和SG7D工作尖时，有特殊性和安全性，如用于侧壁开窗上颌窦底提升术，可以在骨开窗时只刮除外侧壁骨组织，不易损伤到上颌窦黏膜（**图1-6**）。

采集自体骨时，使用以H-SG1为代表的用于切骨的骨锯型工作尖，可以从下颌支前缘以及颏部采集大量的自体骨作为碎骨（骨屑）或块状骨（**图1-7**）。此外，如果使用SG3和SG5，也可从前鼻棘、上颌结节、种植体植入位置周围采

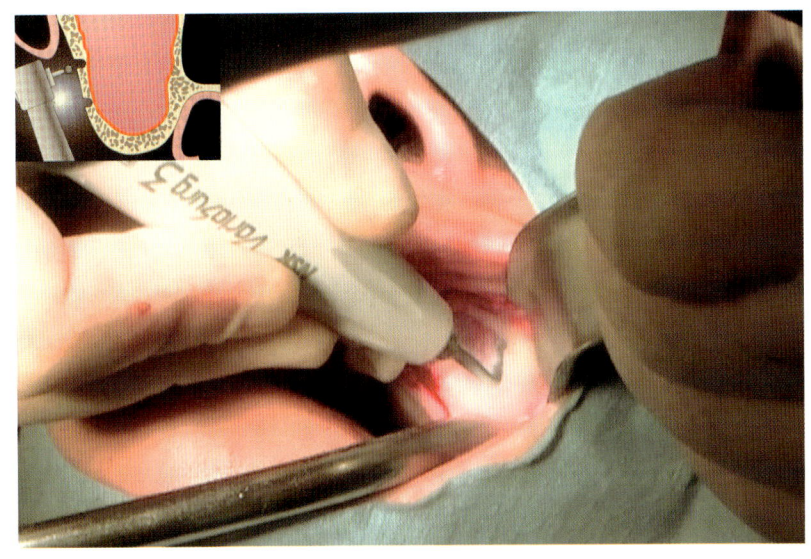

扫码观看操作视频

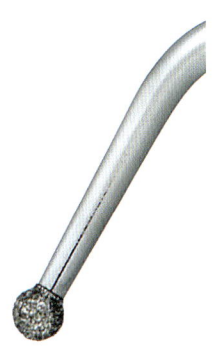

图1-6 侧壁开窗上颌窦底提升术。工作尖：SG7D；模式：SURG模式；上限功率：50%

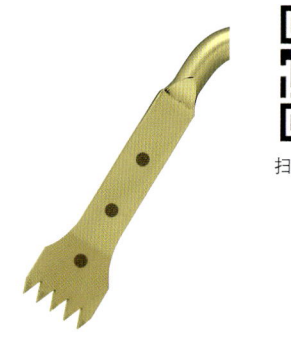

扫码观看操作视频
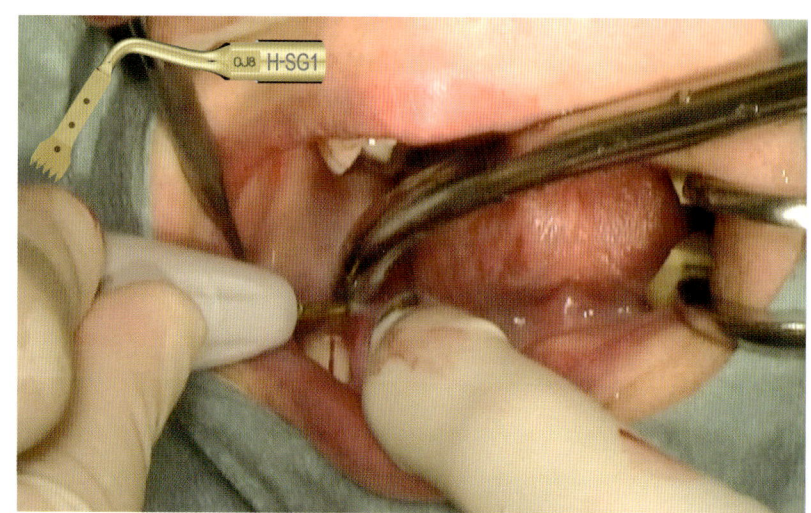

图1-7 下颌支取骨。工作尖：H-SG1；模式：SURG模式；上限功率：150%

集适量的自体骨。特别是使用骨屑进行的松质骨骨髓移植手术，由于含有大量骨髓内的干细胞和成骨细胞，能够早期恢复血液供应，所以对于种植体周的骨再生和侧壁开窗上颌窦底提升很有效果。与松质骨和骨屑相比，块状的皮质骨更容易维持形态，因此适用于需要改善骨形态的病例，例如：Onlay植骨、贴附植骨、上颌前牙区手术等。

此外，还开发出了能够准确定位种植体植入位置和方向的SG15A工作尖、对拔牙很有帮助的SG17工作尖、牙周专用工作尖、根管专用工作尖等，也可应用于牙周外科手术和牙髓治疗等（**图1-8~图1-10**）。近年来，也被广泛应用于正畸治疗中的皮质骨切开术。

关于各类骨外科手术，将在各章详细介绍所选用的工作尖和临床操作等。

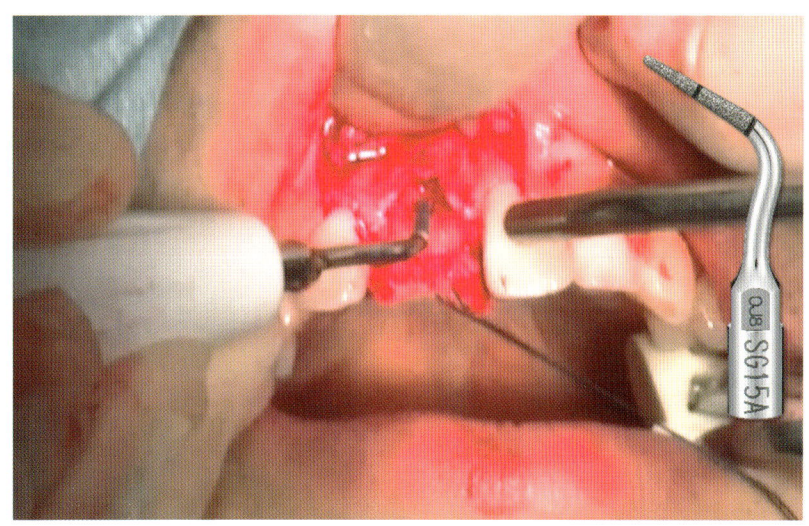

扫码观看操作视频

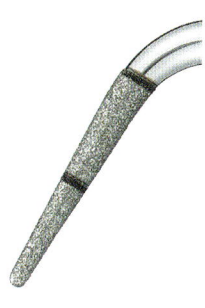

图1-8 种植窝预备。工作尖：SG15A；模式：SURG模式；上限功率：50%

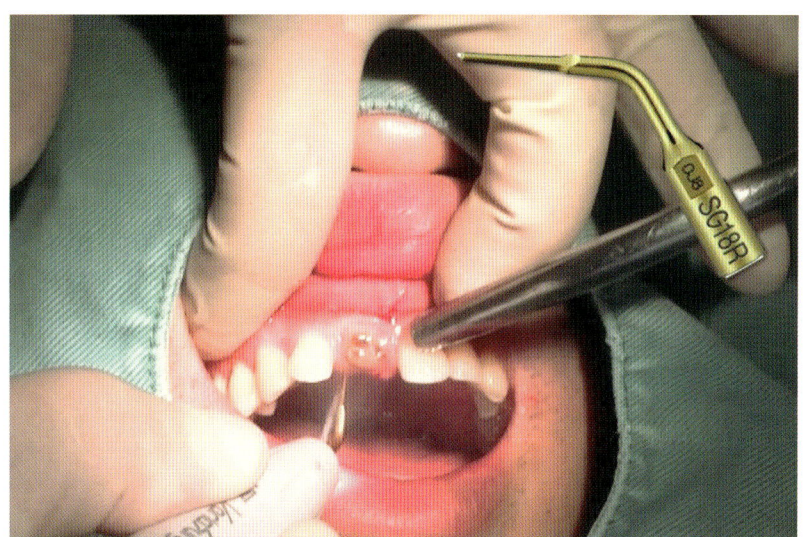

扫码观看操作视频

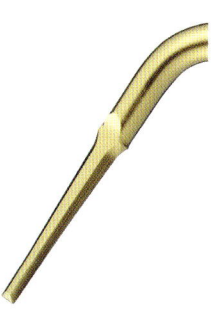

图1-9 拔牙。工作尖：SG18R；模式：SURG模式；上限功率：50%

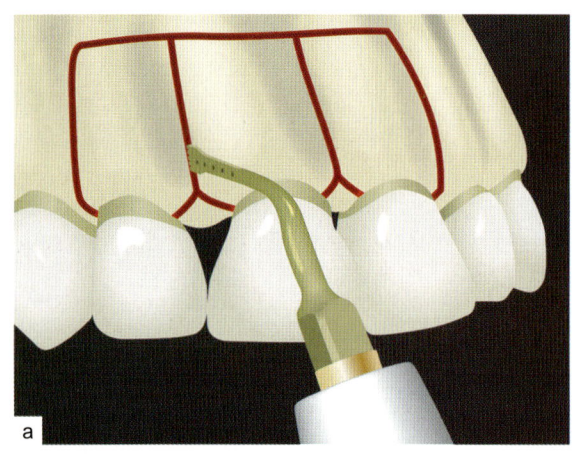
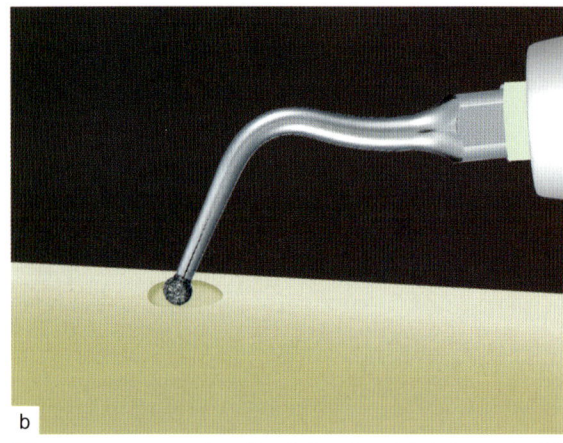
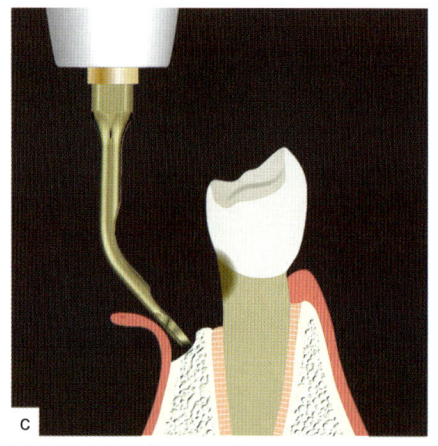

图1-10 VarioSurg3有55种工作尖，产品阵容齐全，可应对各种各样的病例（截至2020年12月）
a：可用于正畸治疗中的皮质骨切开术（Corticotomy）；b：可用于种植窝预备时的定点；c：可用于牙周外科和骨的手术 d：适用于从硬组织到软组织的各种病例

◎ 各种用途对应工作尖的推荐

VarioSurg3有55种工作尖（截至2020年12月），产品阵容齐全，适用于处理从硬组织到软组织的各种病例（图1-10）。包括：具有TiN（氮化钛涂层）的工作尖、具有金刚石涂层的工作尖，以及其他用于处理软组织的不锈钢工作尖等。可用于"切割""平整（修整）""切断""切削（研磨）""剥离"等各种目的（表1-1，表1-2）。临床应用案例如图1-11～图1-15所示。

◎ 使用VarioSurg3时的注意要点

1. 灼伤

由于超声波振动的特性，当振动的工作尖与软组织或硬组织接触时，振动产生的摩擦热可能会引起灼伤。因此，在手术过程中，操作时必须避开所有非操作区的软组织和硬组织。

第1章 超声骨刀的概述和工作尖的使用方法

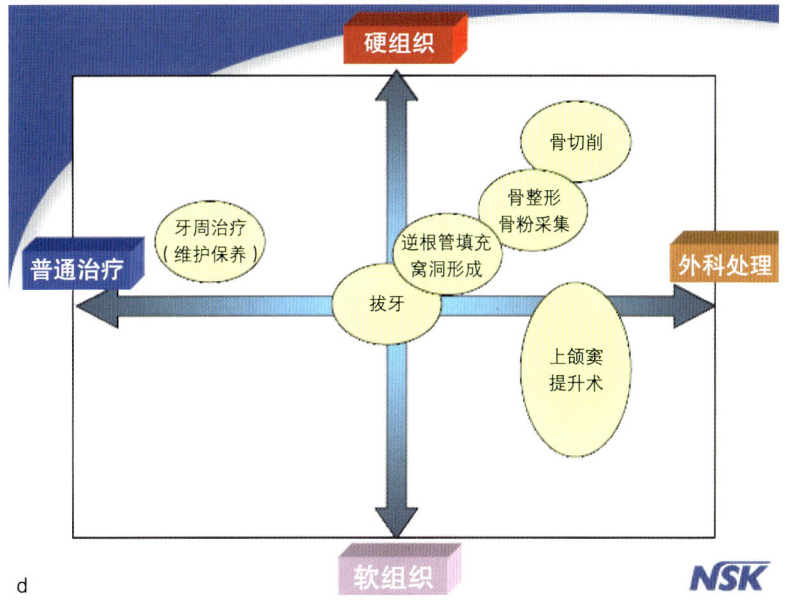

d

图1-10（续）

表1-1 有适合不同用途和目的的工作尖可选择

用途	工作尖形状	目的
切割 骨组织		·块状骨的切取 ·牙槽嵴的分割
使骨平整 （修整）		·去除拔牙窝的囊肿 ·使牙槽嵴变平整 ·采集骨片
切割、切断 骨或牙周膜		·拔牙 ·牙周膜的切断（创建空间）
切削骨组织 （研磨）		·上颌窦侧壁的开窗 ·骨的精细调整（修整）
剥离 黏膜		·施耐德膜的剥离

009

表1-2 按照治疗目的的工作尖推荐

与种植体有关	切骨、修整	块状骨的采集	H-SG1、H-SG8R/L等
		块状骨的倒角、修整等	H-SG6D、H-SG1等
		牙槽嵴的平整处理	SG3、SG5
		预备块骨上钉道	SG15A、SG15C等
	牙槽嵴劈开术	牙槽嵴的分割、扩张（沟槽的形成）	H-SG1、SG8等
	经嵴顶上颌窦底提升术	种植窝的预备、窦底骨的去除、施耐德膜的提升	SG15、SG16、SCL系列
	种植窝的处理	前牙区倾斜骨面时种植的定点	SG15A、SG15C等
		存在牙根间隔时种植的定点	同上
	上颌窦侧壁开窗	开窗、骨窗角和边缘倒角等	SG6D、SG7D
	骨屑的采集		SG3、SG5
	种植体的去除		SG17、SG18R/L等
	施耐德膜的提升	施耐德膜的剥离、提升	SG9、SG10、SG11
日常临床	骨隆突的去除	上颌隆突、下颌隆突	H-SG1、SG2R/L
	拔牙（普通拔牙、埋伏牙拔除）	牙周膜的切断	SG17、SG18R/L等
		粘连的残根	SG17、SG18R/L等
	死骨的去除	不良肉芽的刮除	SG5、SG17等
牙周外科	去除感染的牙体组织	露出新鲜的骨面	SG15B
	根面平整		P20、P25系列
其他	下颌牙槽神经移位术		
	外科矫正	快速正畸（皮质骨切开术）	
	骨切开术	上颌骨的骨切开术、下颌骨的骨切开术	MAXI REACH系列
	根尖切除术（根尖外科治疗）	囊肿的摘除	
		根尖的切除	H-SG1、SG17等
		根尖倒预备	E30、E31、E32系列
	维护	龈下洁治，例如：种植体上部结构和修复体的清洁	V10-S、V-P系列

第1章 超声骨刀的概述和工作尖的使用方法

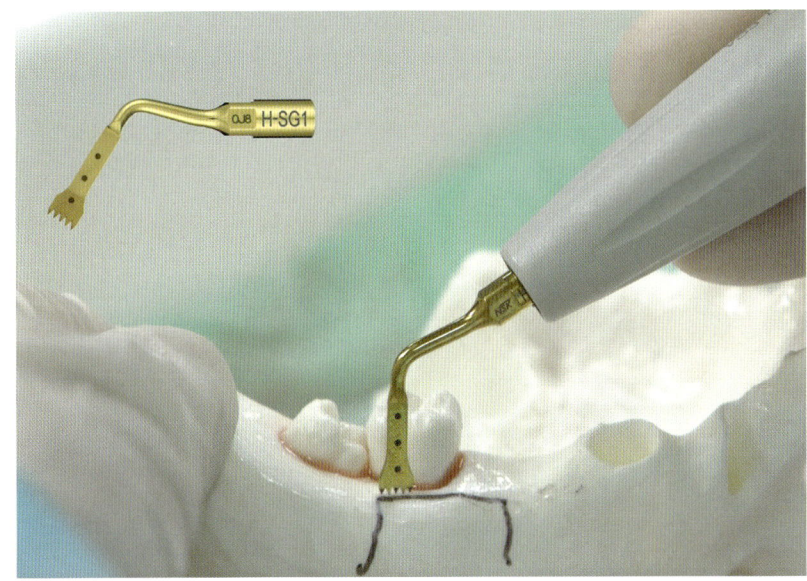

扫码观看操作视频

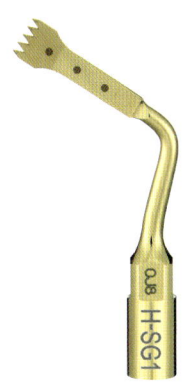

图1-11 H-SG1（模式：SURG模式；上限功率：150%）。5个切割刃均匀抵住骨面，前后移动切割。切勿横向扭转或施加压力。用于从下颌支、前鼻棘、颏部等部位的骨切除、骨修整、牙槽嵴劈开术

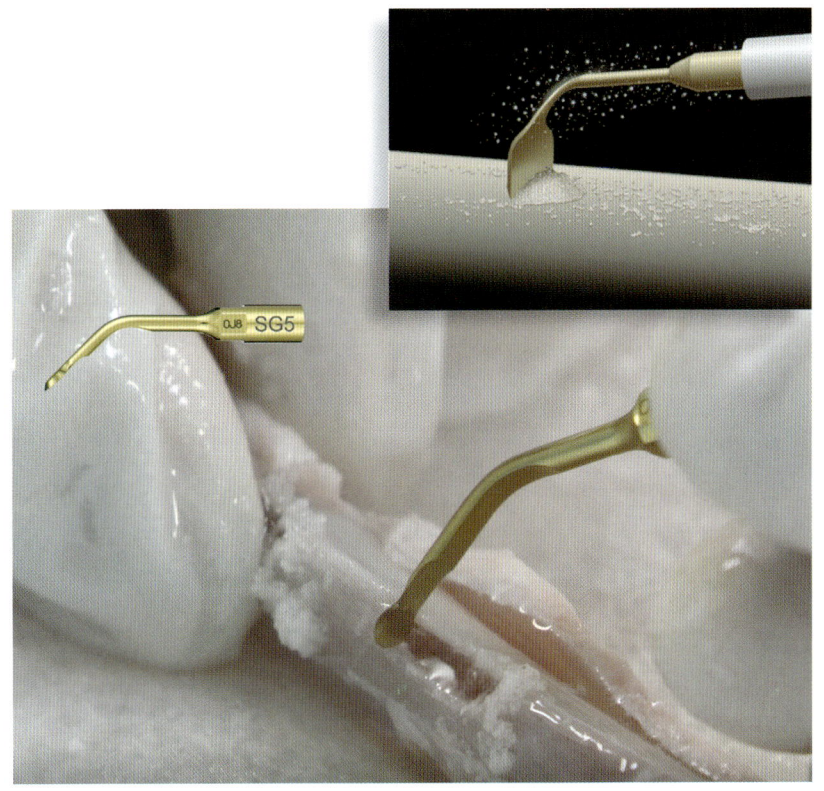

扫码观看操作视频

图1-12 SG5（模式：SURG模式；上限功率：80%）。将工作尖前端抵住骨面，用力拉动，切削骨面。用于平整骨表面、采集骨屑、骨修整

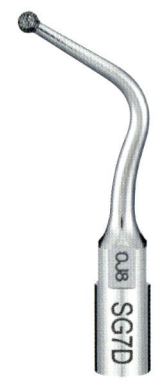

扫码观看操作视频

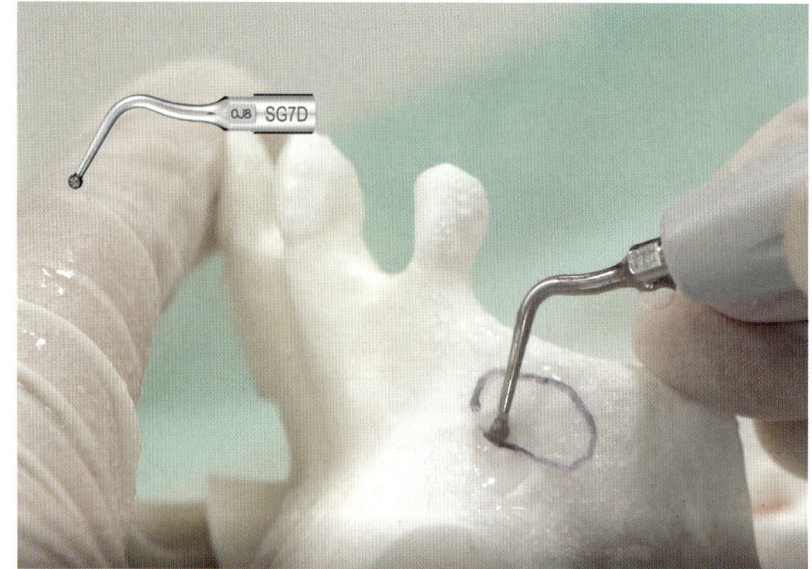

图1-13 SG7D（模式：SURG模式；上限功率：50%）。将圆形的一侧抵住骨面，施加压力的同时，前后移动切削。用于上颌窦侧壁开窗、种植窝的定点、去皮质骨、骨修整

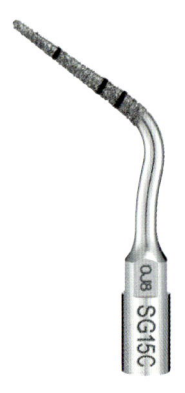

扫码观看操作视频

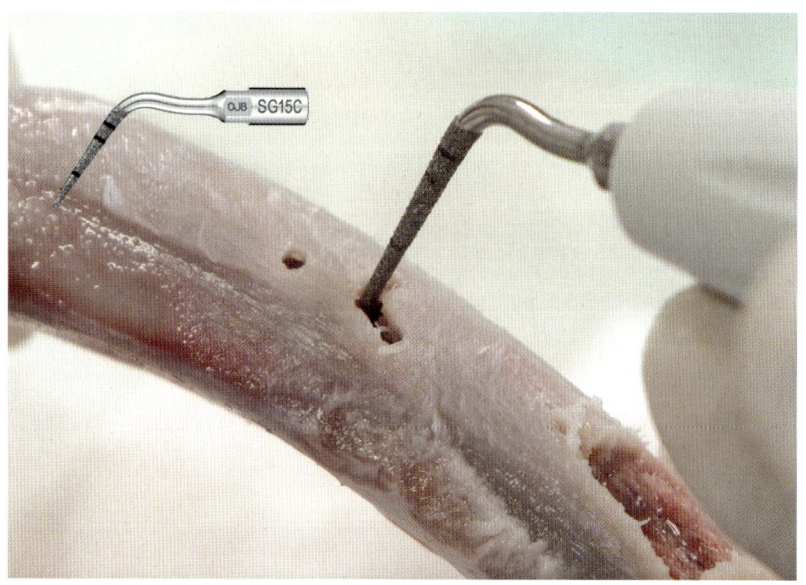

图1-14 SG15C（功率：SURG模式；上限功率：50%）。使用工作尖前端时，需要一边施加压力一边扭转运动。使用工作尖侧面时，需要一边上下移动，一边朝想要切削的方向施加压力。用于种植窝的预备、去皮质骨、种植窝位置和角度的修正

第1章 超声骨刀的概述和工作尖的使用方法

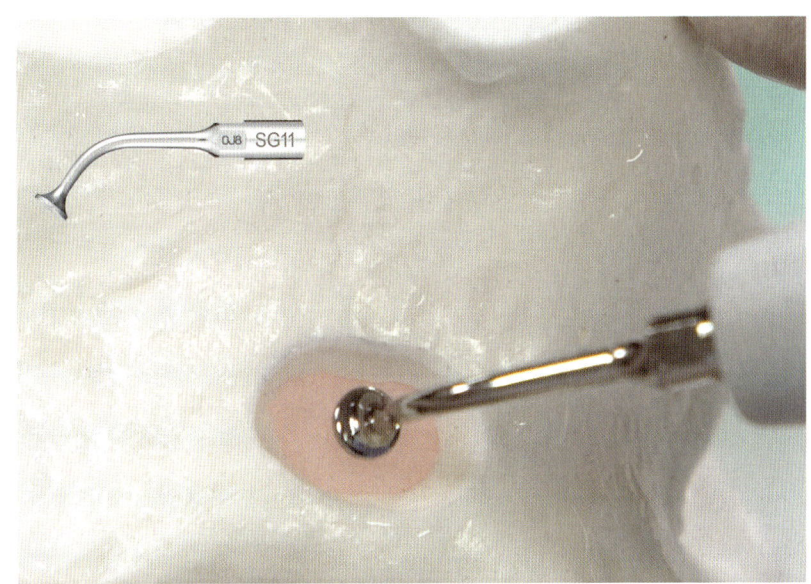

扫码观看操作视频

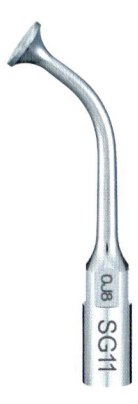

图1-15 SG11（功率：SURG模式；上限功率：50%）。用于侧壁开窗上颌窦底提升术的上颌窦黏膜剥离等。在感受上颌窦黏膜压力的同时，轻轻按压，从骨面剥离黏膜

2. 不要停留在同一个位置，不要按压

操作工作尖时，不要停留在同一个位置，切割时前后稍微移动，可提高切割效率。此外，如果让工作尖停留在同一个位置，会降低切割效率，并有可能对组织造成热损伤。

3. 工作尖是消耗品

工作尖使用久了，就会出现前端受损、边缘变圆滑（变钝）等情况，导致切削效率急剧下降。因此，要经常确认工作尖前端部分，如果发现上述磨损现象，要尽早更换新工作尖。在无磨损状态下使用工作尖，可以更轻松地进行临床手术。

4. 需要充分的冷却

由于工作时的振动，超声骨刀会产生热量。因此，出于安全考虑，冷却系统的水量不能设置为零。为了抑制发热，使之冷却，使用时需要输送足够的水量。

5. 遵守各种工作尖指定的功率上限值

所有工作尖能够承受振动的合理功率上限值都是由制造商确定的。使用时，如果功率超过设定值，可能会导致工作尖磨损过快。因此，使用时必须确保功率低于设定的上限值。

◎ 常见问题

Q1：工作尖可以使用多少次？

A1： 工作尖的使用次数与工作尖的使用时间、频率、切削的骨硬度等因素都有关系，因此不能具体说明可以使用多少次。此外，工作尖有多种材质，例如纯金属工作尖、带金刚石涂层的金属工作尖，且粗细不等、形态各异，因此，磨损程度也各不相同。更换标准为使用5次后，用放大镜等检查金属表面，如果是带刀刃的工作尖，检查工作尖的角部边缘部分是否变圆滑，如果是带有金刚石涂层的工作尖，检查金刚石涂层是否脱落。如果边缘变圆滑或金刚石涂层脱落，切削效率就会下降，建议尽早更换。

Q2：可以使用其他公司的工作尖吗？

A2： 由于各公司的螺纹规格不同，如果强行拧入安装，不仅会妨碍正常的振动，还可能压坏手机一侧的螺纹。这样一来，可能需要更换手机本身，因此最好使用制造商指定的工作尖。

Q3：略高于指定功率值使用，是否会出现问题？

A3： 务必遵守随附的功率指南或购买工作尖时附带的专用工作尖盒上的标签记载的最大功率值（上限值）。超过指定功率值进行使用时，即使是短时间使用，也是非常危险的，因为它不仅会导致工作尖过快磨损，还可能损坏工作尖。

2

第2章

外科手术中的团队合作和模型外科

在本章中,我们将对外科处理中的团队医疗和助理工作进行阐述。

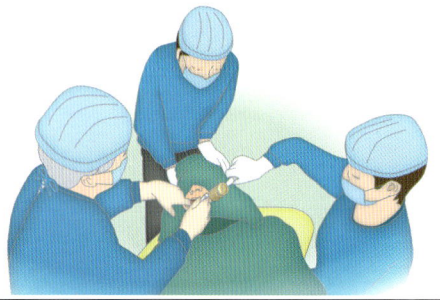

◎ 外科处理中的团队医疗

与一般的口腔治疗不同，骨移植和种植体植入手术属于外科手术，是伴随出血的侵入性治疗。手术时最重要的是负责手术的口腔医生、麻醉师、助理医生或护士，以及口腔技师和接待人员之间的团队合作，为手术做好物品准备和心理准备（图2-1）。

1. 口腔医生

在手术前，应至少提前一天研讨手术内容、制订手术计划，并向助理医生、麻醉师、护士等辅助人员说明手术内容和所需器械的使用方法、设备和材料、时间分配等。如果平时不经常使用VarioSurg3或所选工作尖，则需要与第一助手（口腔医生、助理医生或护士）确认其使用方法等，这一点非常重要（图2-2）。

2. 口腔技师

以研究模型和X线片为参考，制作外科导板等，供手术时使用。与口腔外科医生们合作时，应通过邮寄或电子邮件方式发送患者信息，如手术内容、CT影响、研究模型等，以便进行仔细的讨论。

3. 护士

应协助主治医生和患者之间建立更好的信任关系。患者有时会向护士询问一些不便向口腔医生询问的问题，因此，护士应该熟悉治疗手法和相关知识，并能够提供通俗易懂的手术说明和补充信息。

图2-1 术前，口腔医院内的团队合作

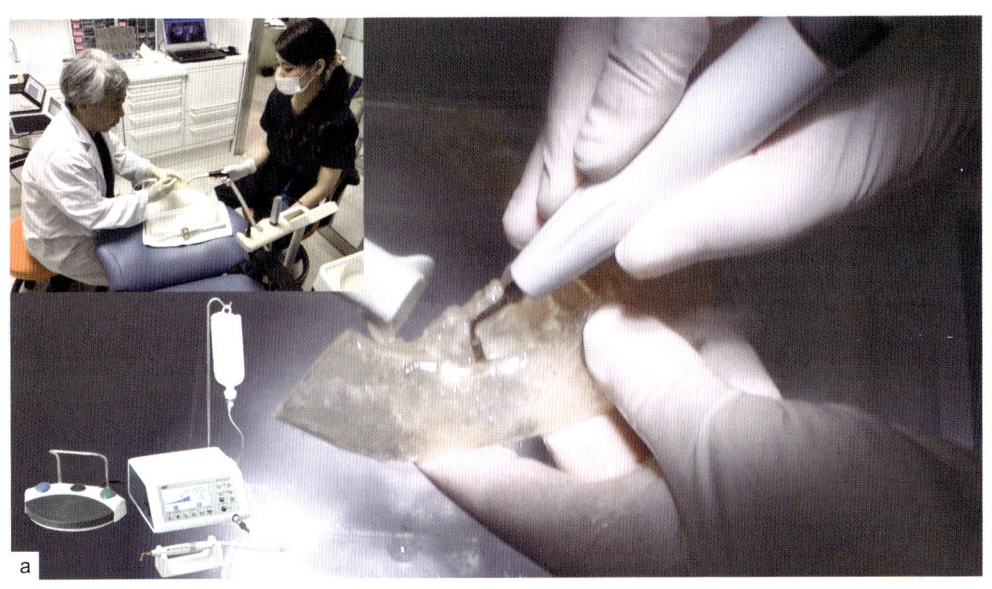

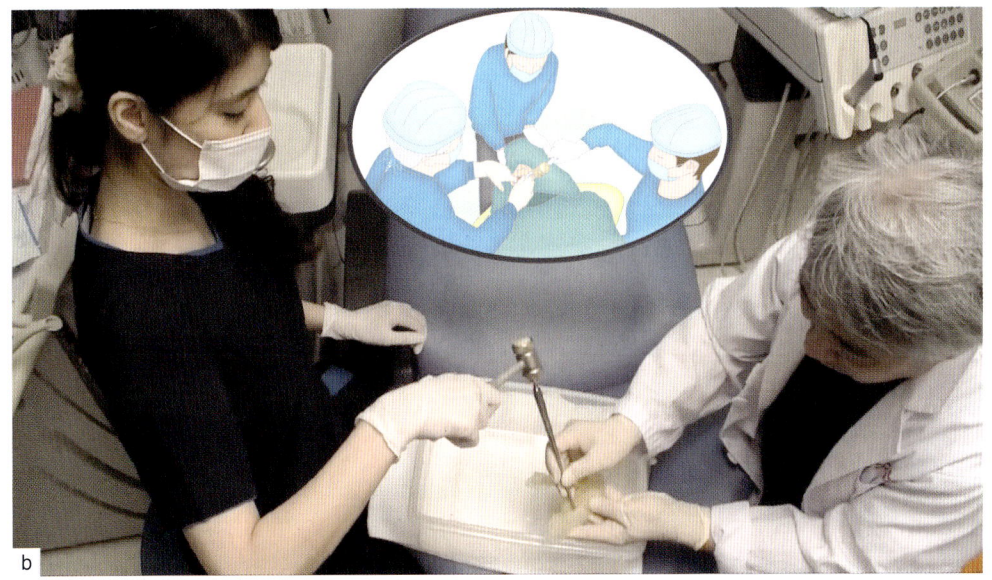

图2-2a、b 负责的口腔医生和第一助手必须确认VarioSurg3的使用方法和所选工作尖

4. 接待人员和助理医生

应在手术前一天致电患者，确认预约情况，并消除患者的焦虑和对手术的担心。通过电话交流，可以了解患者的身体状况，并传达给主治医生和麻醉师。

如上所述，在进行骨移植和种植体植入手术时，不仅是主治医生，包括口腔技师、护士、助理医生、接待人员在内的全体人员，都要了解手术步骤和手法，为主治医生提供支持。

◎ 模型外科

过去，口腔医生只能在骨移植和种植体植入手术过程中，通过治疗患者来累积宝贵的治疗经验、学到知识、提升技术。但近年来，给患者手术前，口腔医生们可以使用光固化3D打印模型（图2-3）进行手术模拟和训练、病例讲解、取得患者知情同意等。

所谓光固化3D打印，是指基于CT影像的DICOM数据，利用紫外线激光照射液态光固化树脂，无需侵入性外科手术，即可在体外制造一个实际尺寸的光固化3D打印模型，再现外部无法看到的复杂形态。这确实是个很好的工具，能够让口腔医生亲手验证手术区域（图2-4，图2-5）。

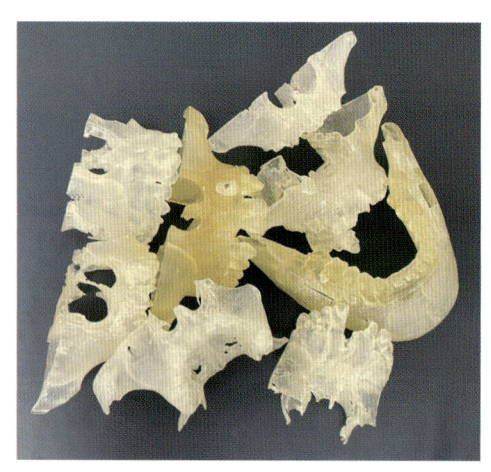

图2-3 所谓光固化3D打印，是指通过紫外线激光照射，使液态光固化树脂逐层固化、分层，形成超薄层状结构，呈现为立体模型的一种制造方法。由于是超薄积层造型（0.1~0.2mm），因此没有接缝，即使是复杂的结构，也可以制造出无限接近实物的形状

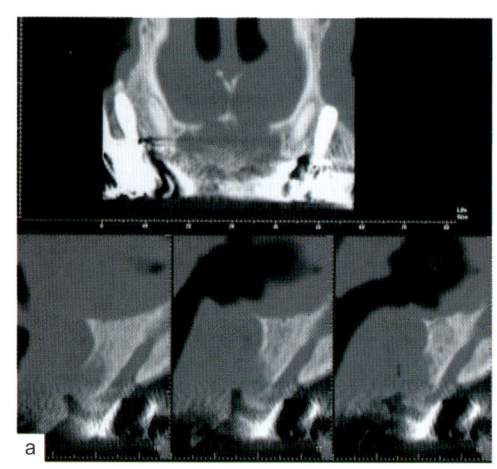
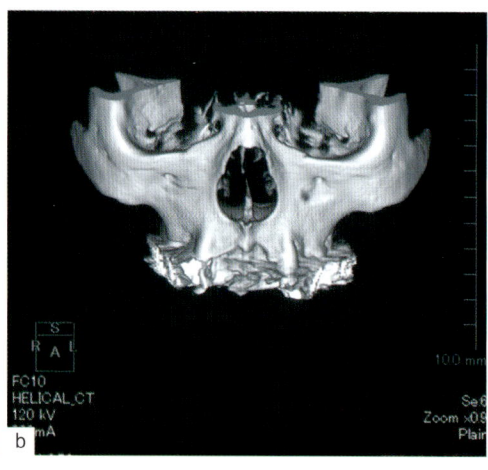

图2-4a、b 对于这种吸收程度的骨量，经验不足的手术医生有时很难仅凭CT影像进行诊断

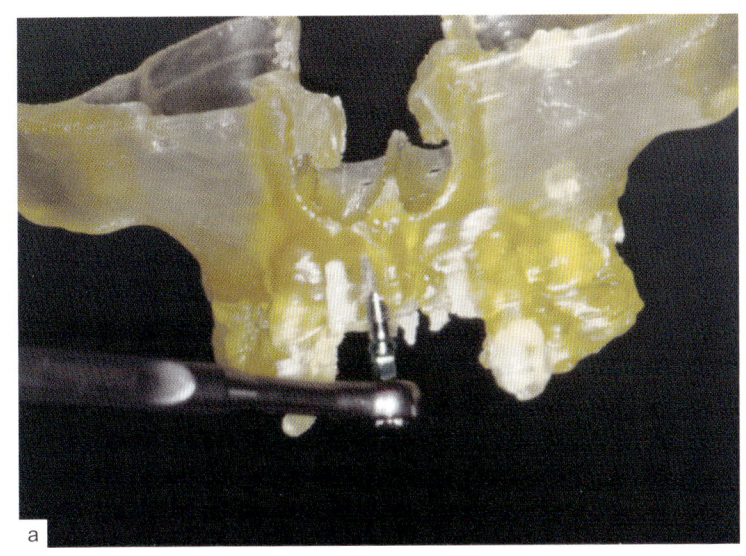

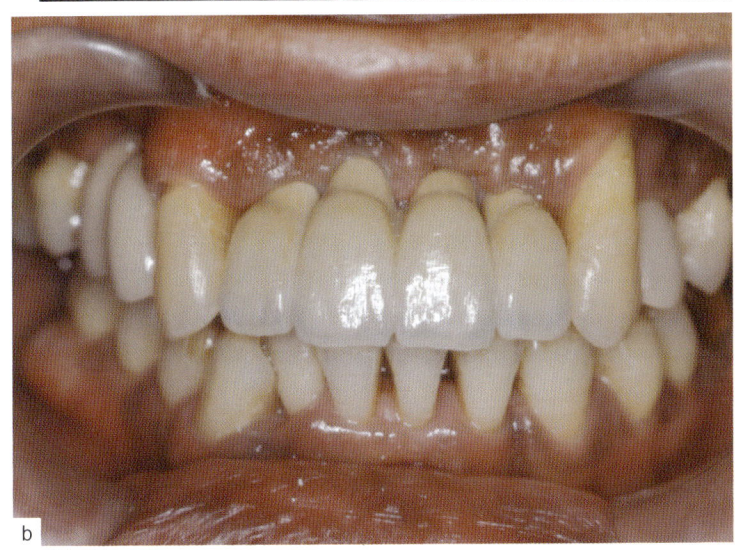

图2-5a、b 可以确认钻孔的方向和植入位置,并进行练习。结果发现无需大量的骨移植即可植入3颗种植体

◎ VarioSurg3的应用

制订从下颌磨牙部的颊棚区采集自体骨的计划,并根据CT影像制作实际尺寸的光固化3D打印模型,进行手术模拟。通过这种方法,可以和参与手术的工作人员一起确认手术内容、步骤、VarioSurg3的使用方法和所用工作尖(图2-6,图2-7)。

在实际手术中,是依据模型外科慎重进行操作的。助理医生要注意吸唾管的使用时机和位置,不要轻易将吸唾管放入喉咙深处,注意用口镜等避开舌体,以免干扰主治医生使用的切骨工作尖的移动(图2-8)。

切骨时,要考虑到受植区骨凹陷的形状和大小,进行准确判断后,使用骨凿和骨锤进行采集。使用这些工具时,也需要事先与手术助手进行配合练习。此外,为了保护患者的下颌,需要让其他助手(第三助手)了解托住患者头部和下颌的原因及头部与下颌位置(图2-9~图2-11)。

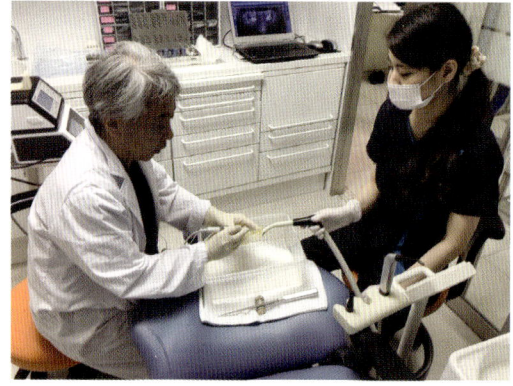

图2-6 使用VarioSurg3和光固化3D打印模型。与手术相关人员一起确认手术内容、步骤、使用的器械等

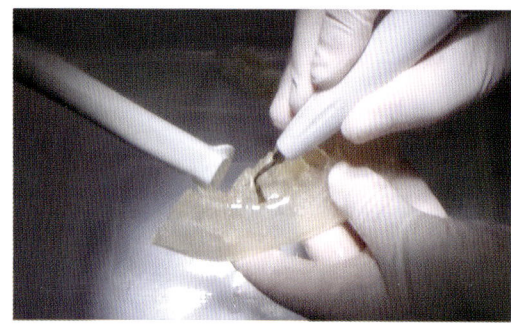

扫码观看操作视频

图2-7 通过进行模型外科，可以事先与工作人员分享工作尖的插入方向和位置

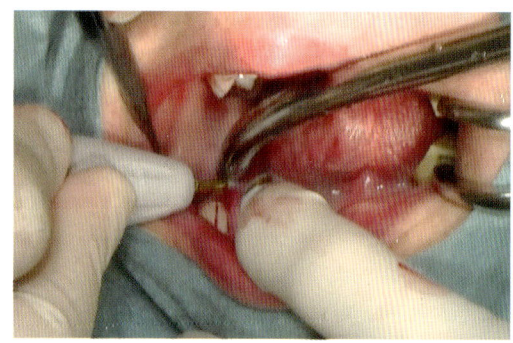

扫码观看操作视频

图2-8 吸唾管的位置和使用时机很重要，不能妨碍切骨工作尖的移动，以避免给患者带来痛苦

第2章 外科手术中的团队合作和模型外科

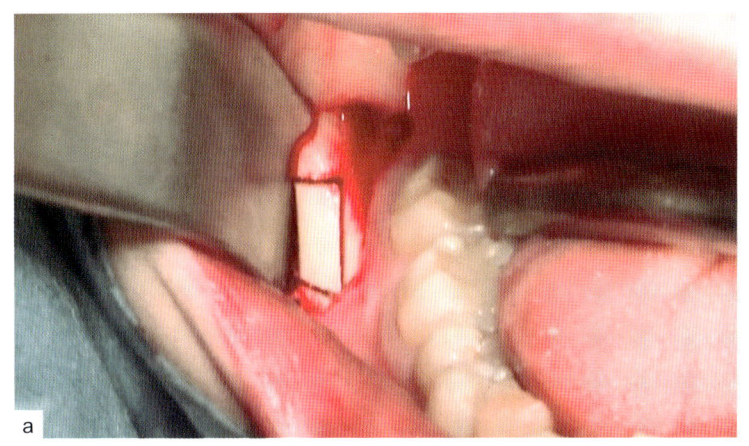

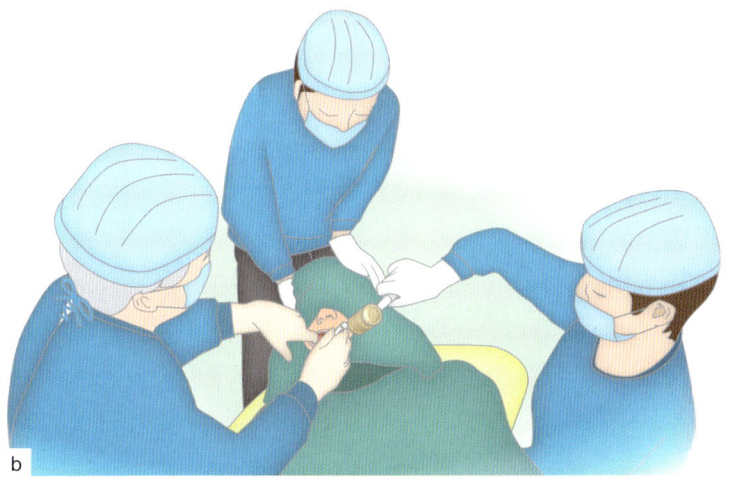

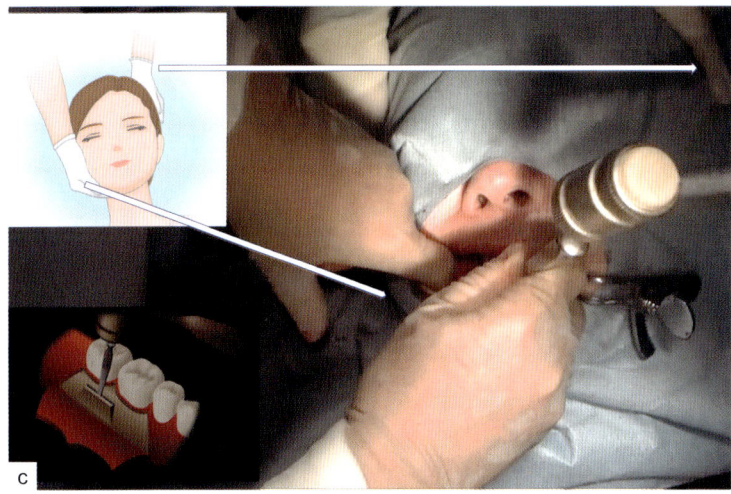

图2-9a~c 从下颌支前缘采集块状自体骨时，口腔医生和其他手术人员的位置关系。助手由后方固定住患者头部和下颌，这一点很重要

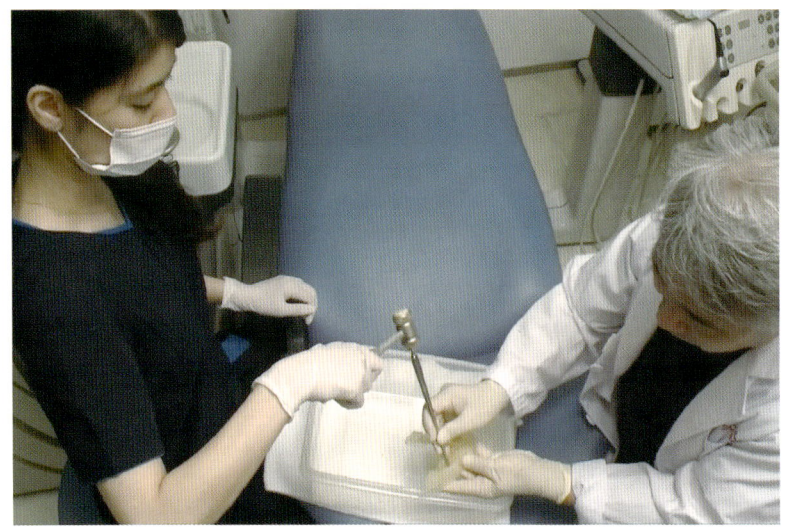

扫码观看操作视频

图2-10 使用骨凿和骨锤时,需要设想实际手术场景,和手术人员进行配合练习

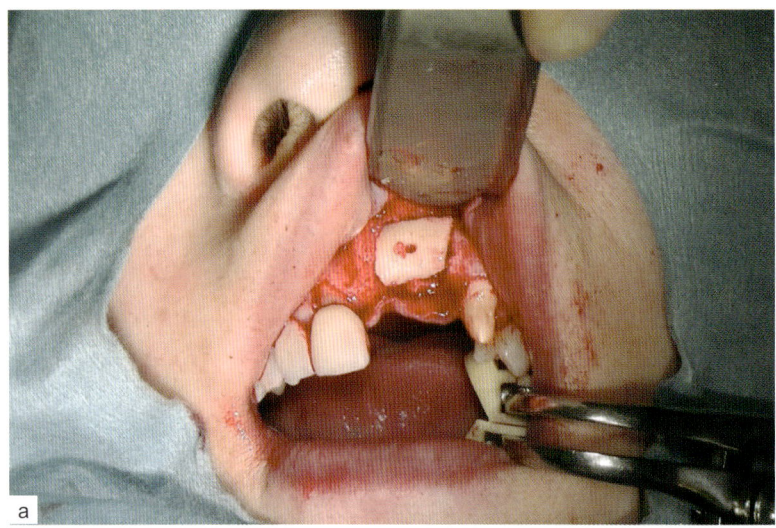

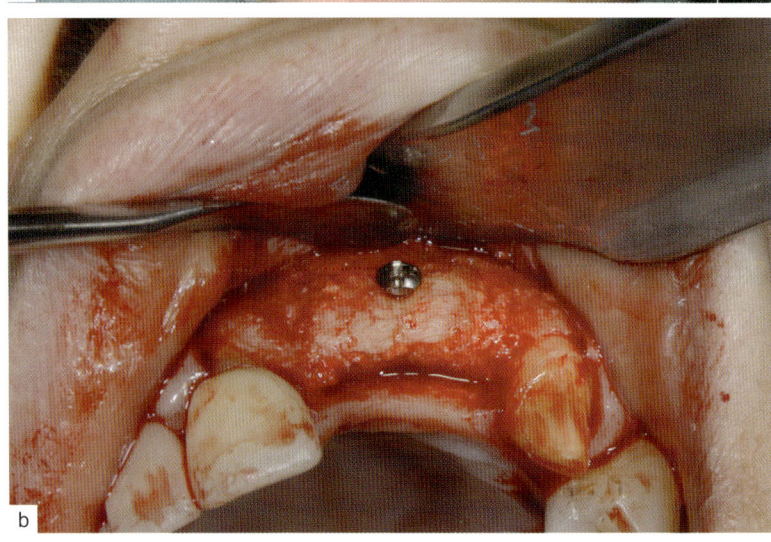

图2-11a、b a:将采集的块状骨固定住,尽可能按照骨凹陷的形状和大小进行固定;b:块状骨移植后6个月。已恢复到良好形状和大小

第3章

自体骨和骨填充材料的使用方法

在本章中,我们将对自体骨采集位置和手术步骤(包括临床注意要点、骨填充材料的种类和使用方法)进行解说。

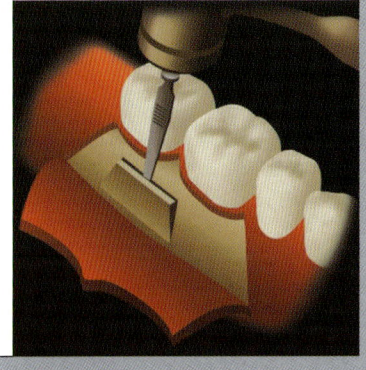

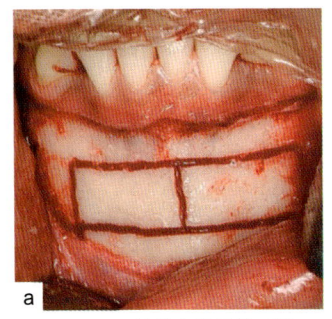 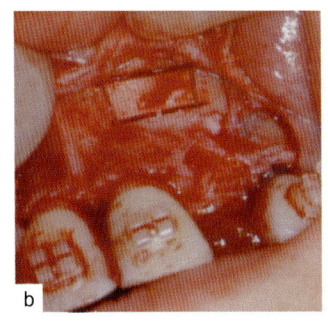 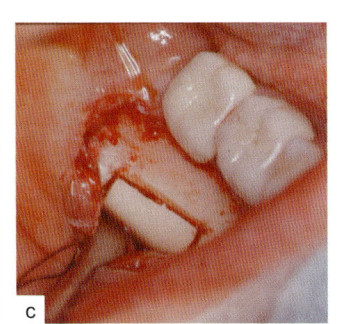

图3-1a~c 块状自体骨的采集
a：颏部；b：前鼻棘；c：下颌磨牙颊棚区

◎ 自体骨的优势和采集部位

在骨再生方面，使用患者自体骨进行移植是首选，其具有良好的生物相容性、骨诱导性，并且可以避免感染等问题。特别是将从口腔内采集的骨研磨成骨屑使用时，很容易发生吸收，能够更快地恢复血供。块状骨移植时，如果移植骨的血供不能恢复，就很难被新生骨替代。但近年来，通过在受植床用VarioSurg3和球钻等预备滋养孔，促进骨髓出血，保证血液供应，可以确保骨形态和抑制吸收。

自体骨可使用外科环钻、裂钻（Fissure bur）、骨刮（Bone Scraper）、超声骨刀等，从下颌支（下颌支前缘）和下颌磨牙颊棚区、颏部、前鼻棘、上颌结节、种植体周等处采集（图3-1）。

◎ 使用超声骨刀从前鼻棘采集块状骨

对于2|的大面积骨缺损，作为种植前处理，利用采集自前鼻棘的块状骨进行骨移植的病例。

在同一部位的骨移植具有组织学上的优势，因为在一个手术区域进行手术，能够减少手术创伤。此外，与下颌支和颏部相比，它的骨质更软，更容易采集。当然，通过CT影像确认与邻近牙根和鼻底的安全区域后，可以使用超声骨刀从前鼻棘安全地获取较大骨量。同时，和传统的骨锯和外科环钻相比，此方法对于手术医生而言，更具安全感，心理压力也小（图3-2~图3-6）。

第3章　自体骨和骨填充材料的使用方法

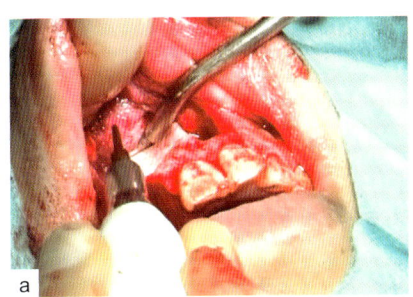
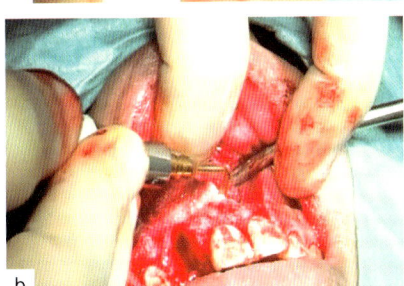

扫码观看操作视频

扫码观看操作视频

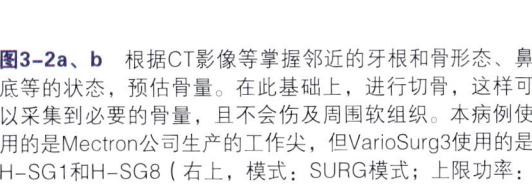

图3-2a、b　根据CT影像等掌握邻近的牙根和骨形态、鼻底等的状态，预估骨量。在此基础上，进行切骨，这样可以采集到必要的骨量，且不会伤及周围软组织。本病例使用的是Mectron公司生产的工作尖，但VarioSurg3使用的是H-SG1和H-SG8（右上，模式：SURG模式；上限功率：150%）

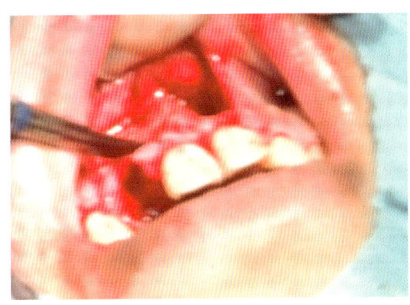

扫码观看操作视频

图3-3　与下颌相比，前鼻棘部相对较软，因此，在骨切除后，使用剥离子等可以轻松地采集块状骨。按照<u>2]</u>骨缺损的形态修整使其与受区贴合

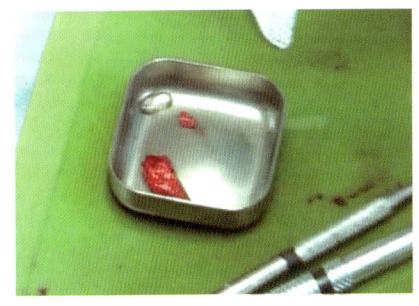

扫码观看操作视频

图3-4　使用前部为勺状的咬骨钳等，从鼻底采集里面的松质骨。这种松质骨还可用来填补块状骨和受植床之间的间隙

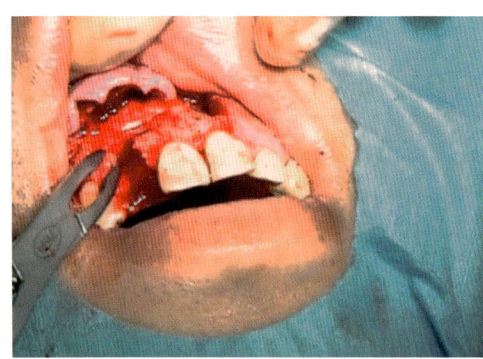

扫码观看操作视频

图3-5 为了使块状骨与受植区贴合，还需要在受植床处进行骨修整，以及开放骨髓腔

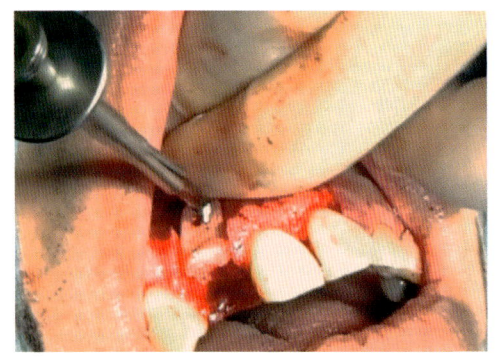

扫码观看操作视频

图3-6 为了恢复 2| 的骨缺损，最重要的是使移植块状骨与受植床贴合，使用骨螺钉将其牢牢固定。用采集的松质骨填充间隙和缺损部位

◎ 从下颌支采集自体骨

针对上颌的大范围骨缺损，使用超声骨刀从下颌支采集块状骨，进行牙槽嵴形态恢复的病例。

根据CT影像等掌握下颌支的骨形态和下颌管、邻近牙根等情况后，结合缺损部的形态，采集合适的块状骨。虽然是口腔深处的切骨，但如前所述，与骨锯和外科环钻相比，应用超声骨刀后，对软组织的损伤较小，因此对手术医生而言，心理压力也会变小。

切骨时，包含纵向切割，切成"⊐"形，并配合使用骨凿切开下方进行采集。此外，受植床（上颌缺损部）开放骨髓腔和充分的血供，也是治疗成功的重要因素之一（图3-7～图3-11）。

第3章 自体骨和骨填充材料的使用方法

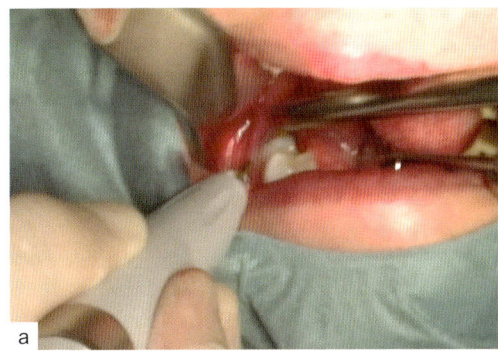

扫码观看操作视频

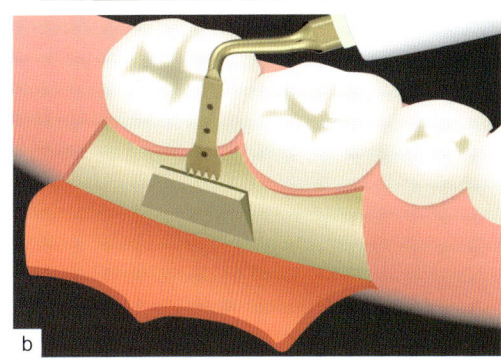

图3-7a、b 确保刀尖整体接触到下颌支和下颌磨牙颊棚区，一边施加压力，一边前后移动切割骨表面。注意不要扭转工作尖，或横向用力。此时，根据要采集的骨量，切割到约10~12mm的深度

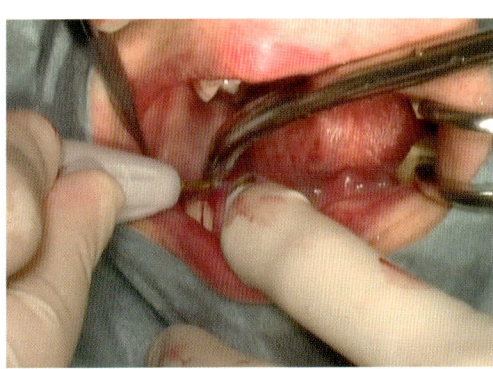

扫码观看操作视频

图3-8 按照"コ"形的切法，纵向切割到松质骨为止

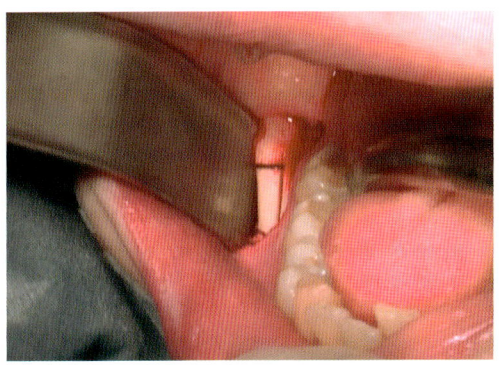

扫码观看操作视频

图3-9 确认切骨的整体情况

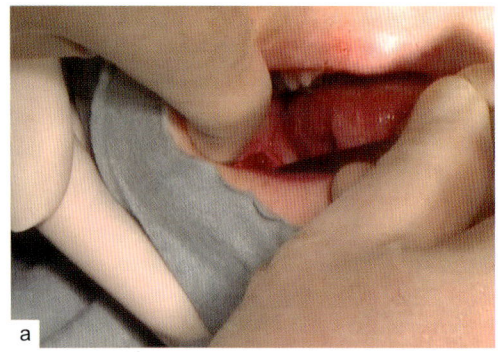

扫码观看操作视频

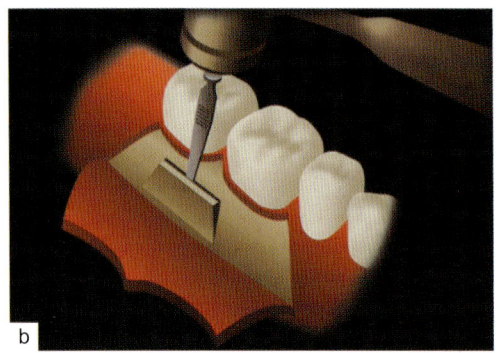

图3-10a、b 使用骨凿，使下缘部变宽后，再进行切割。此时，骨锤不是"铛"地用力敲向骨凿，而是"咚咚"地谨慎且轻柔地锤击

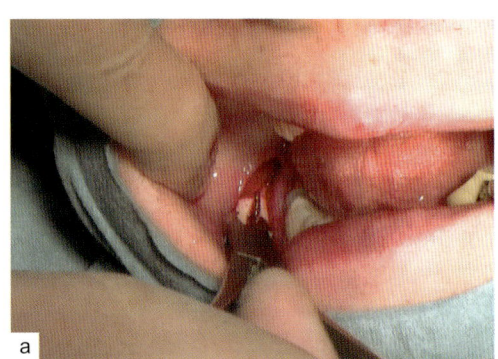

扫码观看操作视频

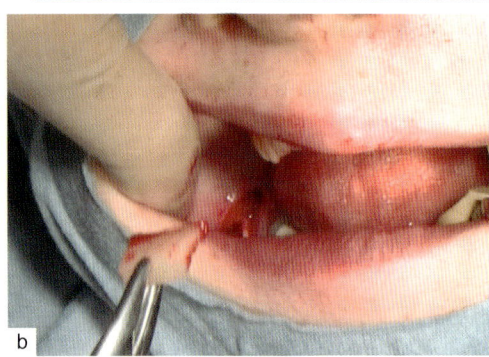

图3-11a、b 使用小咬骨钳，谨慎地采集，避免损伤骨组织

◎ 骨填充材料的优势和便捷性

从减轻患者手术创伤的角度出发，使用人工材料（骨填充材料）的情况越来越多。骨填充材料包括以牛骨为原材料的Bio-Oss和DFDBA（Decalcified Freeze-Dried Bone Allograft）为代表的同种异体骨，也包括科学方法制成的β-TCP材料和羟基磷灰石制剂。这些产品在欧洲国家和美国已被广泛使用，其安全性和有效性已有相关报告。另一方面，也发现了一些问题，例如：存在感染的可能性和产品的不均一性等，因此，口腔医生必须选择对患者无害的安全材料。

使用骨填充材料时，为了与从患者身上采集的血液混合，并提供固定，有时也会使用可吸收膜、不可吸收膜和钛网（图3-12~图3-20）。

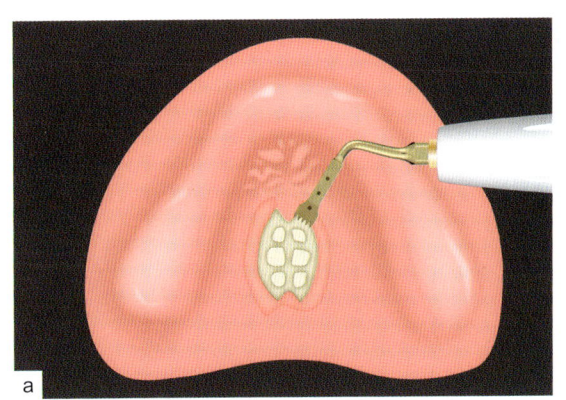 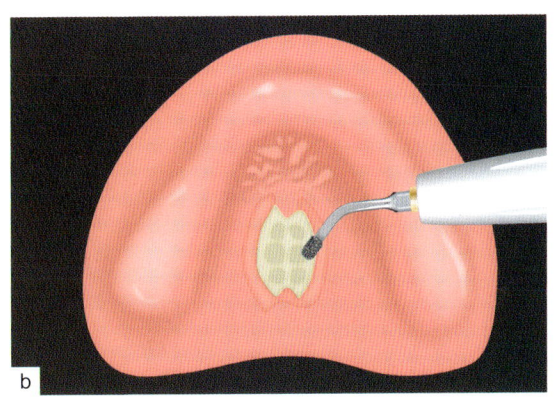

图3-12a、b 从上腭隆突处采集骨头

a：使用SG1，在骨隆突处开出网格状凹槽；b：使用SG3或SG6D，平整骨表面

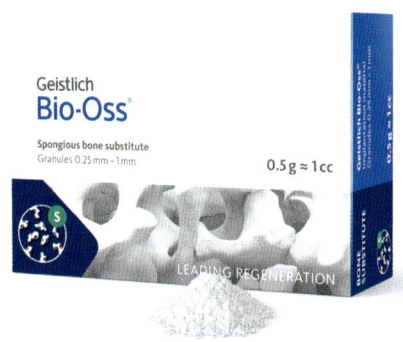

图3-13 以牛骨为原材料

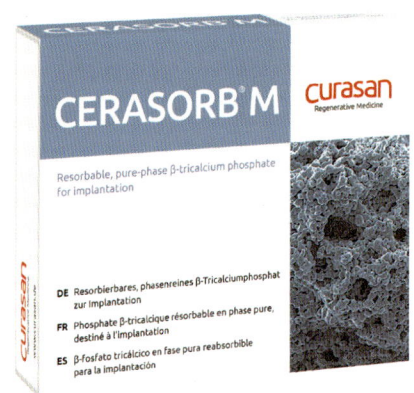

图3-14 13β-磷酸三钙(β-TCP)

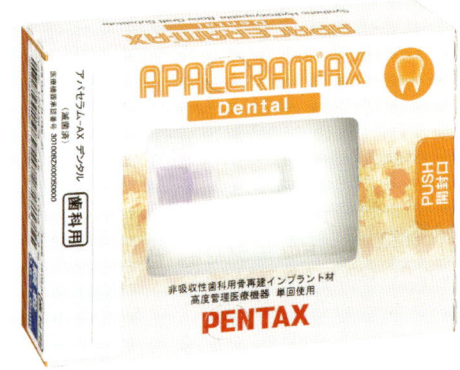

图3-15 羟基磷灰石制剂

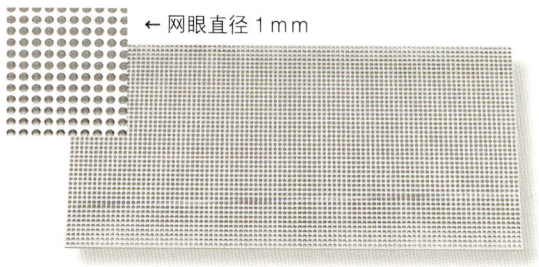

图3-16 钛网。用于固定骨填充材料

第3章 自体骨和骨填充材料的使用方法

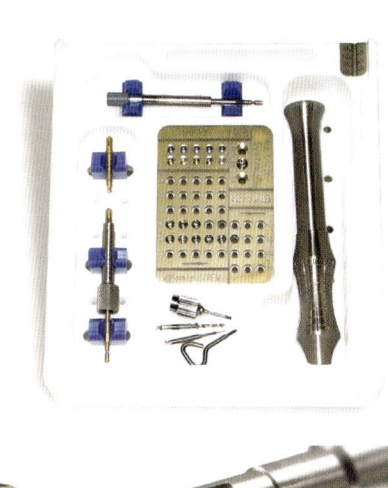

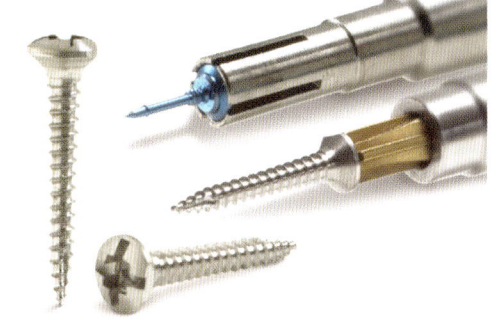

图3-17 用于固定钛网的Bone Tack器具

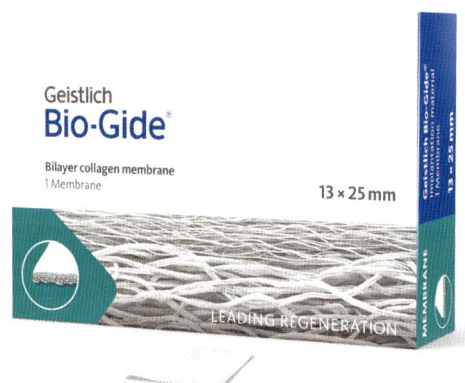

图3-18 以猪胶原蛋白为原材料的片状可吸收膜。用于固定骨填充材料

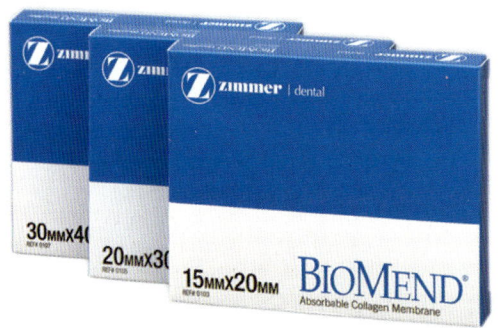

图3-19 用于固定骨填充材料的可吸收膜

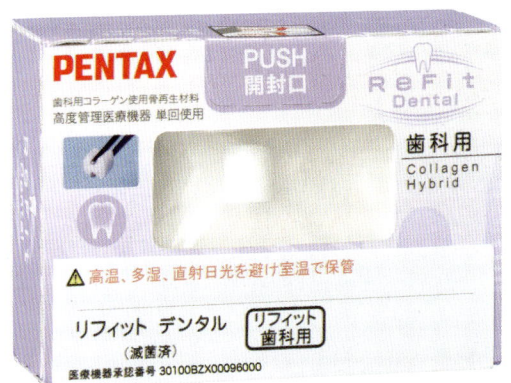

图3-20 由低结晶磷酸钙和胶原蛋白制成的骨填充材料

4

第4章

拔牙

本章介绍的使用超声骨刀的拔牙手术中,通过使用各种各样的工作尖,可以有效地去除覆盖水平埋伏智齿的骨组织,并且不会对周围的软组织造成较大损伤。同时,联合使用反角手机,可以轻松地切削和去除牙冠部,能够放心地拔除阻生牙。

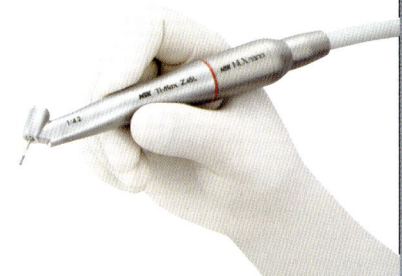

◎ 新概念拔牙手术

针对口腔深处的智齿和水平埋伏智齿进行拔牙手术时，去除周围骨组织和切除牙冠部时，存在损伤周围软组织的风险因此，对患者和手术医生而言，心理压力都很大。此外，拔除唇侧骨板菲薄的前牙时，由于术后引起的周围组织塌陷和患者的美观性要求，业界一直在寻求尽可能保留周围骨和牙龈的拔牙方式。

本章介绍的超声骨刀，通过选择和调整各种各样的工作尖［例如Ti-Max Z45L（NSK），图4-1］，在不对周围软组织造成较大损伤的前提下，能够有效切除覆盖在智齿周围的骨组织，实现安全拔牙（图4-2，图4-3）。并且，通过配合使用反角手机，可以针对水平埋伏智齿，轻松地切削和去除牙冠部，是应对难拔牙齿的一种拔牙方式。

此外，Vercellotti、Nevins、檀上敦等学者在报告中指出，与使用硬质合金车针（Carbide bur）或金刚砂车针（Diamond bur）进行骨切除和骨修整相比，使用超声骨刀的伤口愈合反应能够带来更好的骨修复和骨改建。

◎ 应用于埋伏智齿

通过模拟模型和视频，对拔牙方式进行说明（图4-4～图4-13）。

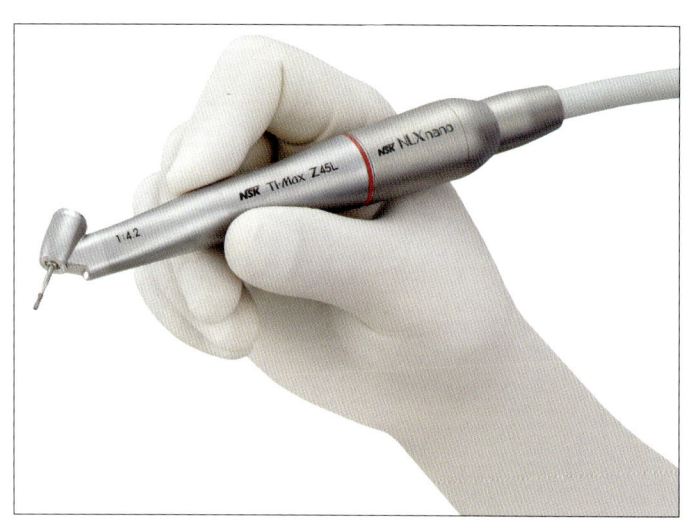

图4-1 Ti-Max Z45L（NSK）

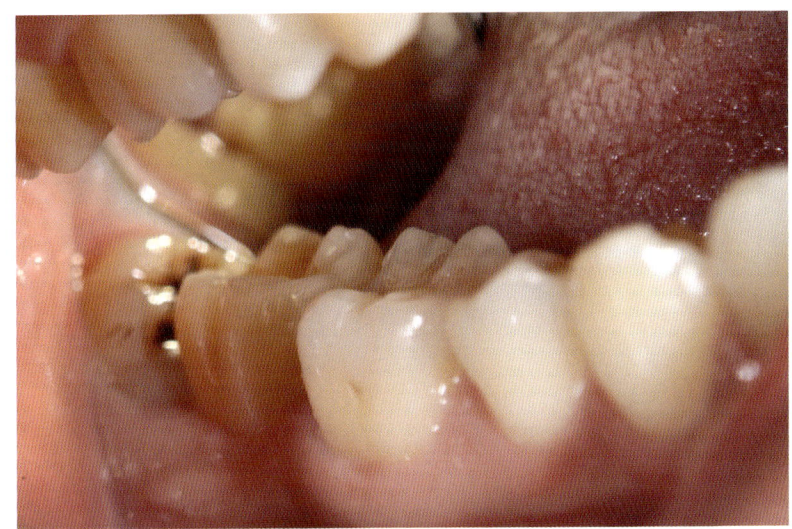

图4-2 第三磨牙水平阻生且萌出一半,其牙冠部靠近前方第二磨牙的远中(远离中心的位置)

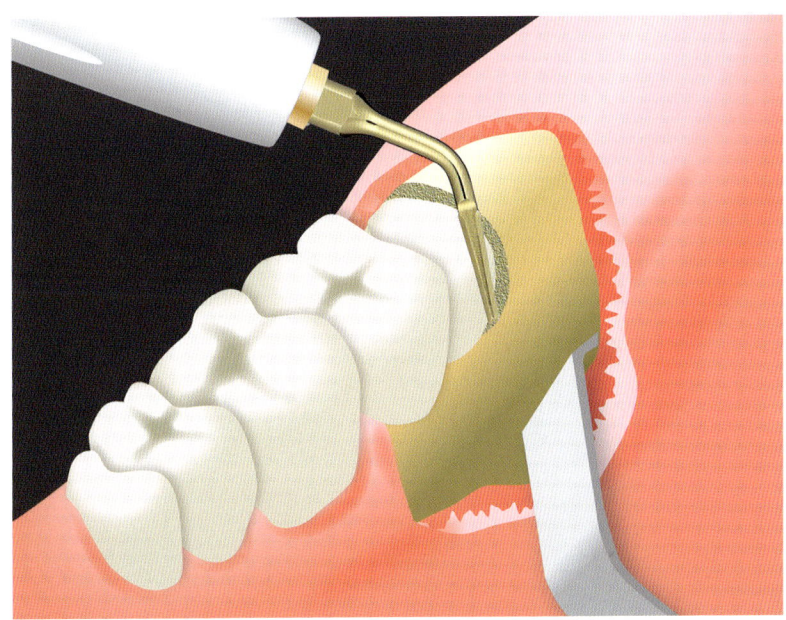

图4-3 去除覆盖阻生牙的骨组织

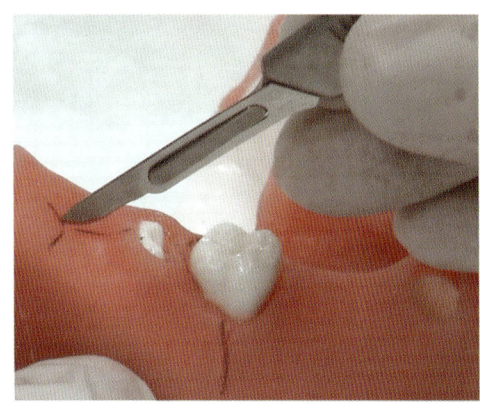

扫码观看操作视频

图4-4 为了暴露拔牙部位的手术视野，按照常规方法切开周围软组织

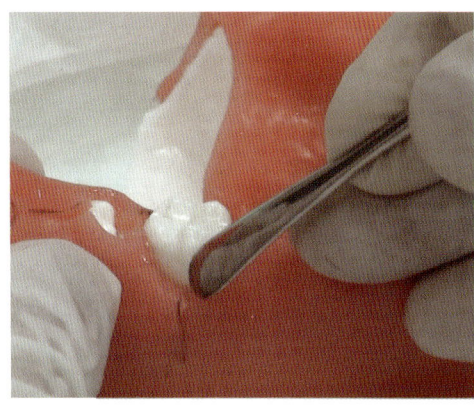

扫码观看操作视频

图4-5 使用背面进行剥离，以免损伤软组织

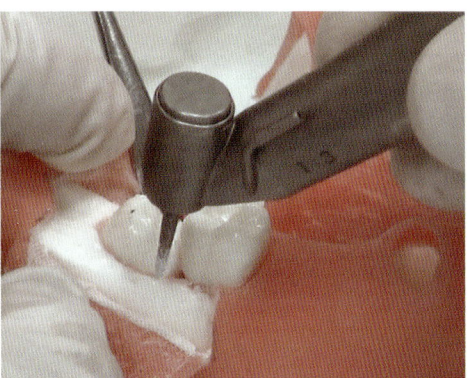

扫码观看操作视频

图4-6 使用反角手机，可以准确地切除牙冠部

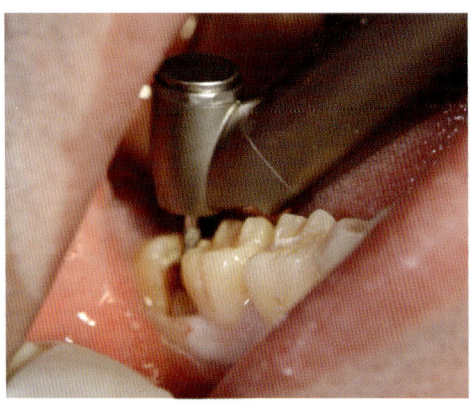

图4-7 在临床操作中，事先通过X线片等确认智齿牙冠部的长度和前方第二磨牙的状态

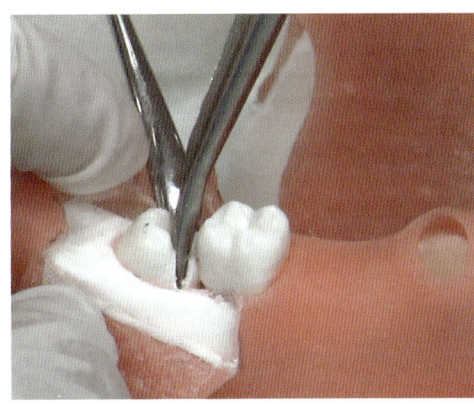

扫码观看操作视频

图4-8 使用牙挺（Elevator）等去除靠近第2磨牙的智齿的牙冠部

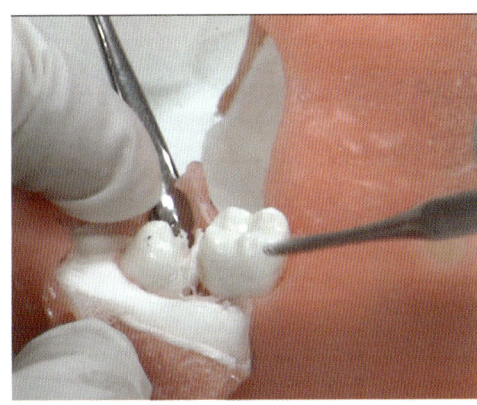

扫码观看操作视频

图4-9 去除靠近第二磨牙的智齿的牙冠部

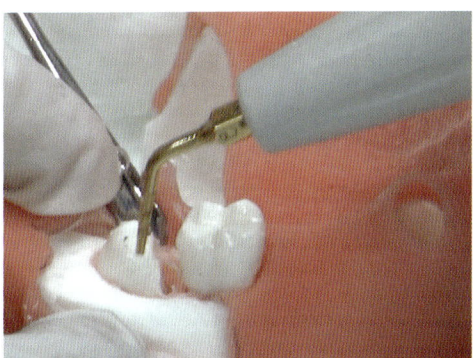

扫码观看操作视频

图4-10 使用拔牙专用的工作尖切除牙根周围的骨组织。此时，在骨组织和牙根之间，像切开牙周膜一样放入工作尖。也可事先去除覆盖智齿远中的骨组织

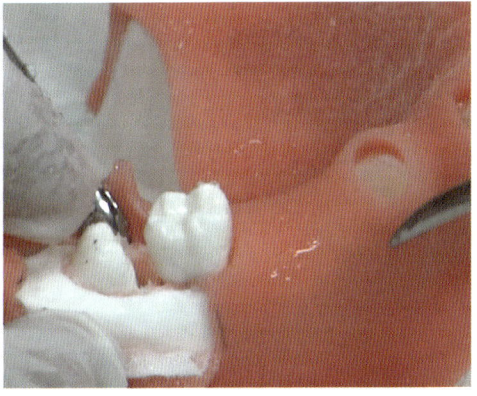

扫码观看操作视频

图4-11 在切除的智齿近中牙冠部插入牙挺，利用杠杆原理使其脱位

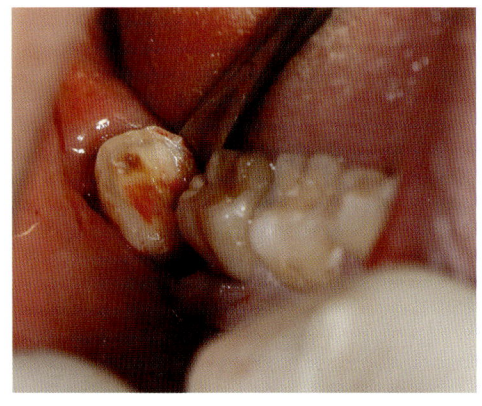

图4-12 参考CT影像和X线片等，掌握牙根形态，考虑脱位的方向和牙挺的使用方法

扫码观看操作视频

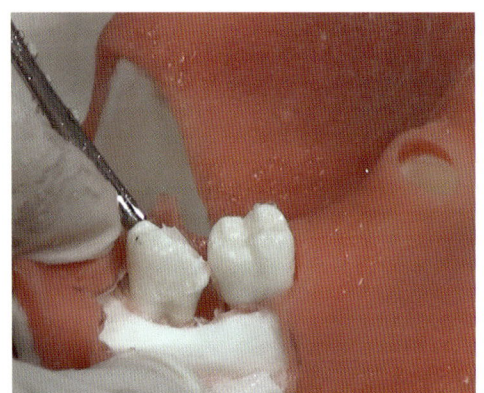

图4-13 准确地去除靠近第二磨牙远中的智齿的牙冠部，用超声骨刀切除周围骨组织后，即可轻松地拔除

扫码观看操作视频

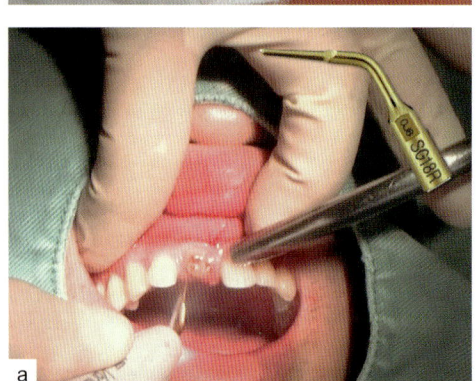

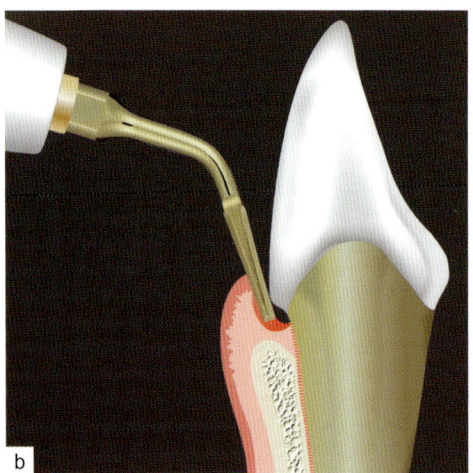

图4-14a、b 使用超声骨刀的工作尖（SG18R；模式：SURG模式；上限功率：50%），像切开牙周膜一样，放入牙根和牙槽骨之间，上下移动

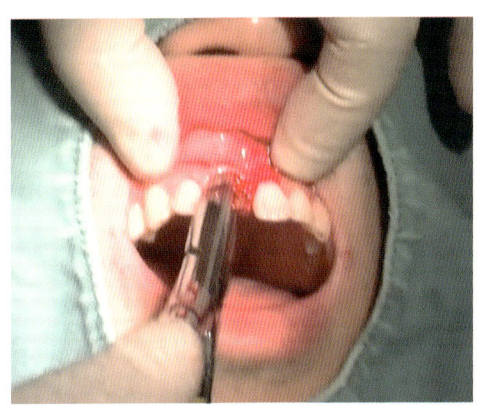

扫码观看操作视频

图4-15 尽量不给唇侧骨板增加压力，使用殆向脱位力拔除牙齿比较好

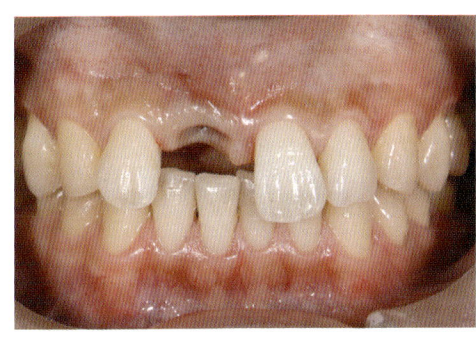

图4-16 拔牙后1个月。牙龈的轮廓和龈缘形态都得到了保存。详见第9章"种植体植入"

◎ **拔除前牙**

上颌前牙区颊侧骨板是源自牙周膜的薄层束状骨，过度用力拔牙会导致唇侧骨吸收。因此，为了在拔牙后保留唇侧骨形态和龈缘形态，要求尽量采用微创的拔牙方式。这种拔牙方式是成功实现前牙种植治疗的重要手法之一，适合于对美观性要求很高的患者（图4-14~图4-16）。

5

第5章

应用于侧壁开窗上颌窦底提升术

在本章中,我们将介绍侧壁开窗上颌窦底提升术中使用VarioSurg3的侧壁开窗的方法和优势,以及临床应用中的要点。

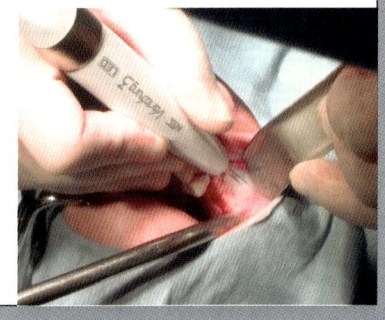

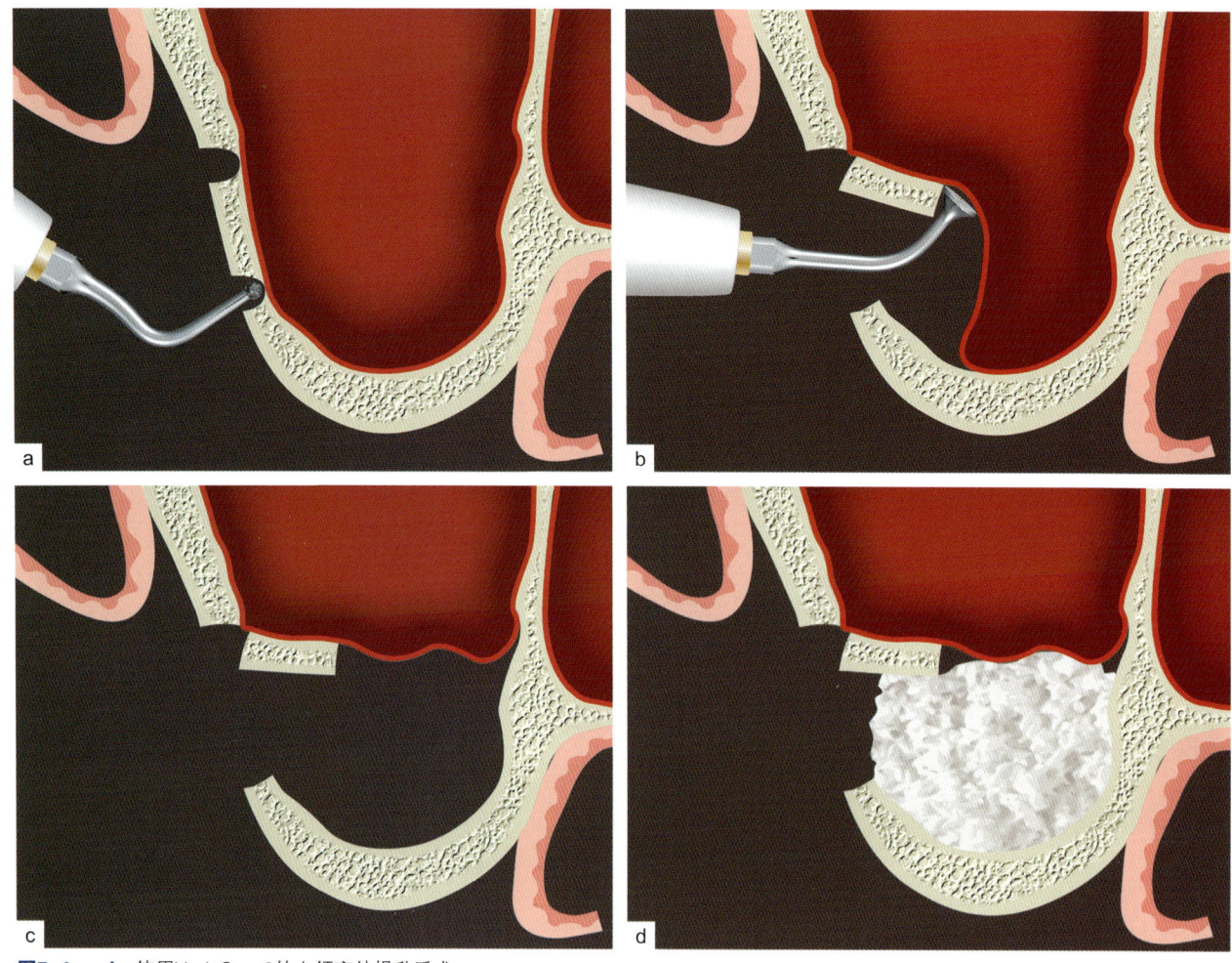

图5-1a~d 使用VarioSurg3的上颌窦外提升手术

侧壁开窗上颌窦底提升术是指上颌窦底在距离牙槽嵴顶过近，在种植体植入过程中无法确保足够骨高度时所使用的骨再生手术。特别是在上颌窦前壁骨形成骨窗，剥离和提升上颌窦黏膜。在上颌窦内与提升的上颌窦黏膜之间的空间里，将自体骨和骨填充材料等填入，以引导骨再生。当然，在手术过程中，必须基于上颌窦和上颌窦黏膜等的解剖学和病理学知识进行手术。

此外，VarioSurg3的最大优势是"仅切断骨组织，不损伤黏膜"，但这是建立在精准和谨慎的外科手法之上，必须牢记这一点。同时，在选择这种手术方式时，最好在显微镜或放大镜下进行手术（图5-1）。

第5章 应用于侧壁开窗上颌窦底提升术

● 使用的工作尖和模式

・工作尖：开窗用圆杆，例如：SG7D等

・模式：SURG模式

・上限功率：50%

◎ **手术的各步骤、使用的工作尖、临床应用中的注意要点**

下面将结合图片和视频等进行解说（图5-2～图5-11）。

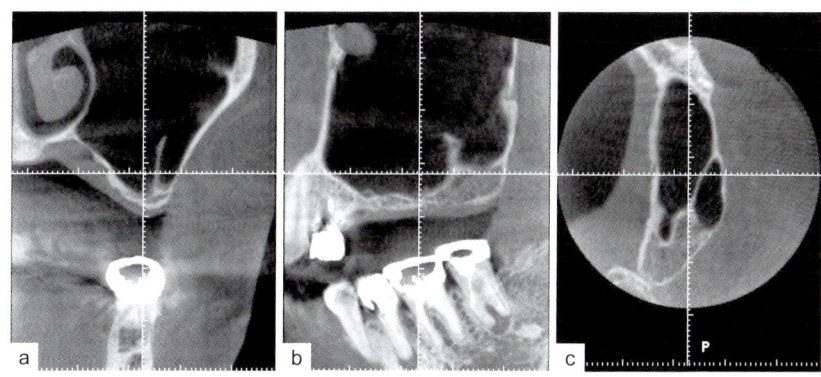

扫码观看操作视频
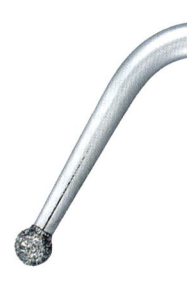
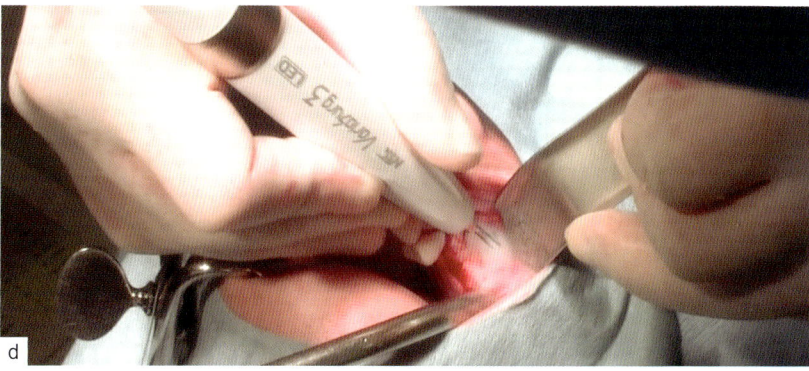

图5-2a～d 根据CT影像等掌握上颌窦颊侧壁的厚度和窦内的形态、上颌窦黏膜的状态（工作尖：SG7D；模式：SURG模式；上限功率：50%）

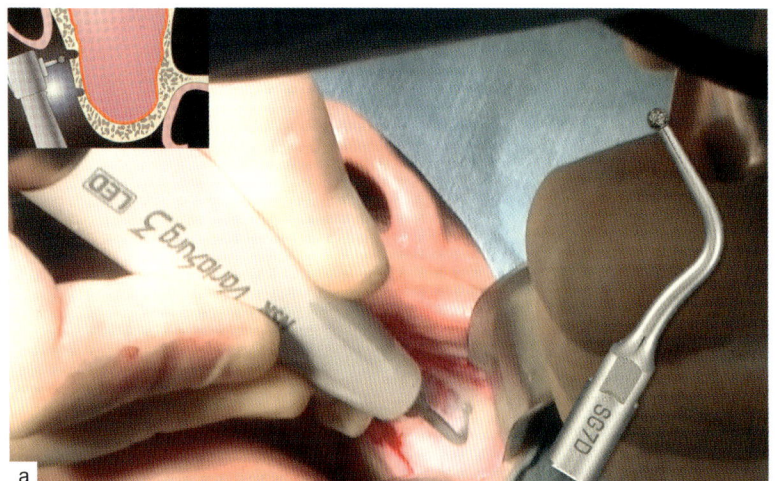

扫码观看操作视频

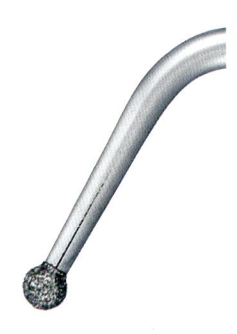

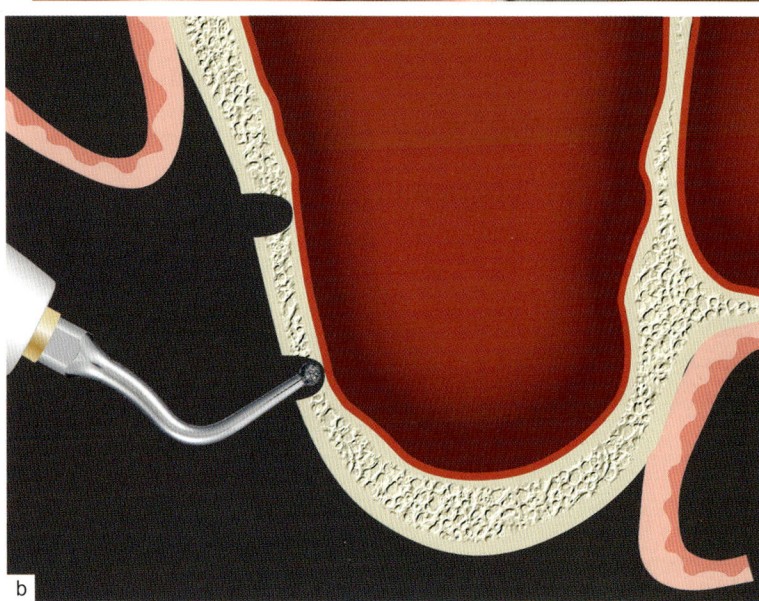

图5-3a、b 使用金刚石工作尖SG7D（模式：SURG模式；上限功率：50%）的侧面，像绘画一样按压住进行切削。使用显微镜或放大镜谨慎地开窗，以免损伤上颌窦黏膜

第 5 章　应用于侧壁开窗上颌窦底提升术

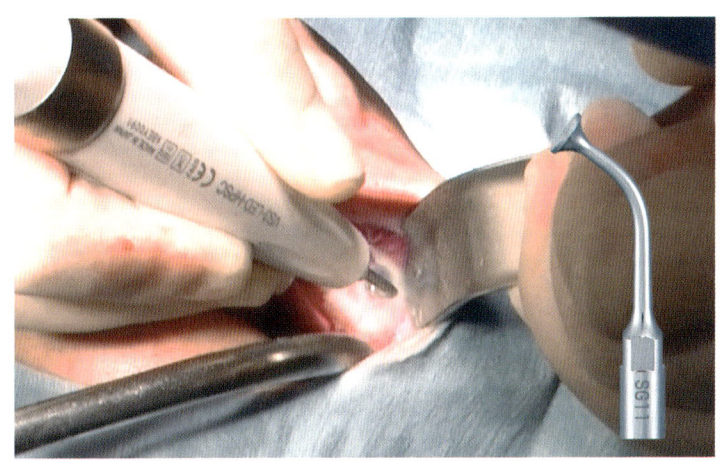

扫码观看操作视频

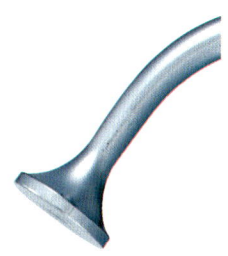

图5-4　轻轻按压上颌窦黏膜，将其从骨面剥离。切勿用力按压（工作尖：SG11；模式：SURG模式；上限功率：50%）

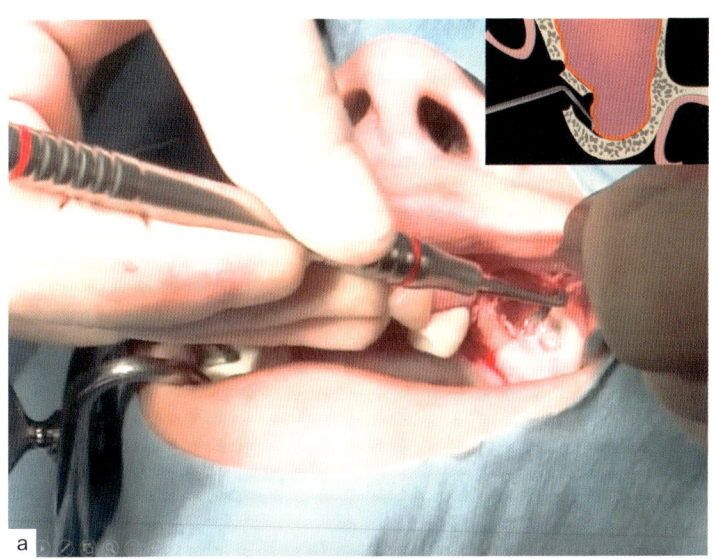

扫码观看操作视频

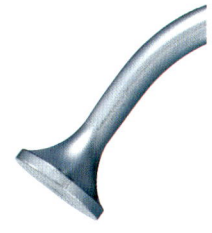

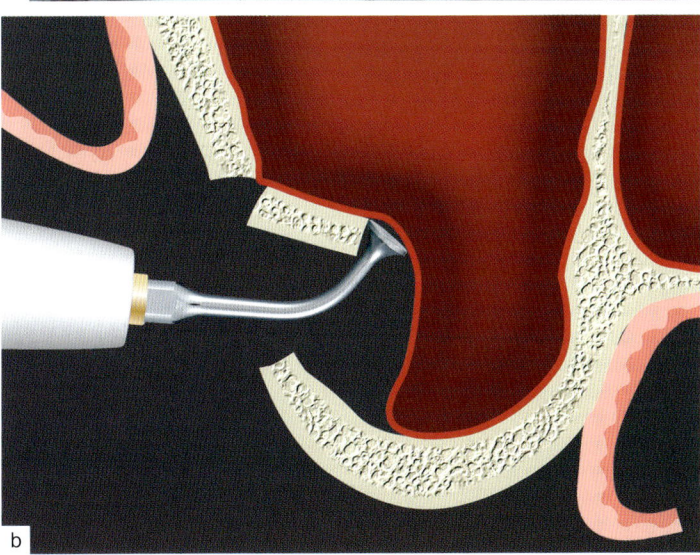

图5-5a、b　使用侧壁开窗上颌窦底提升术专用的小型剥离子，将其尖端抵住骨面。一边谨慎剥离，一边用剥离子的背面向上推动进行提升操作（工作尖：SG11；模式：SURG模式；上限功率：50%）

045

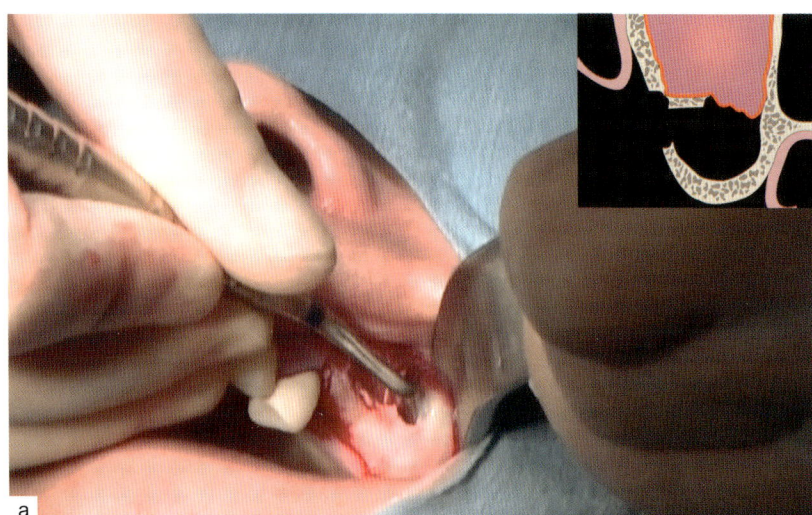

扫码观看操作视频

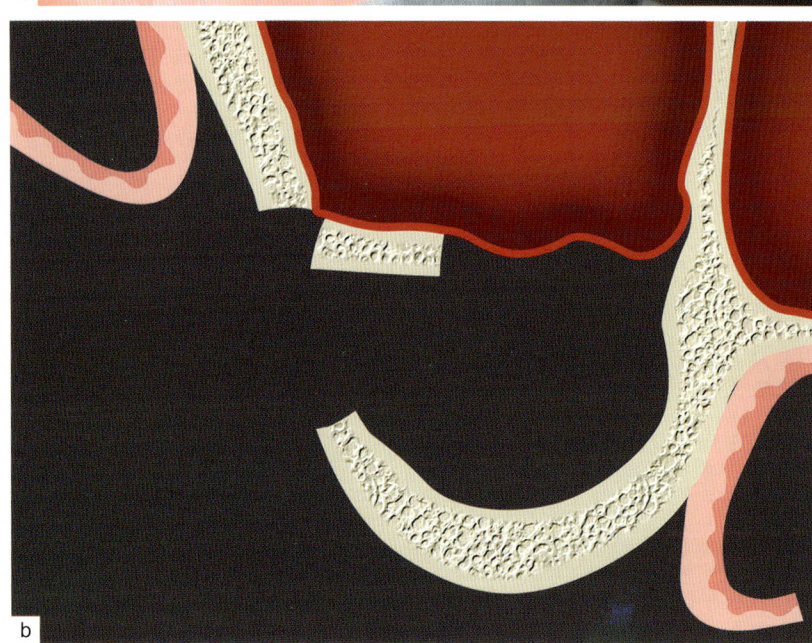

图5-6a、b 换成尖端大的剥离子,剥离上颌窦黏膜,并将其提升至上颌窦深处和腭侧壁

第5章 应用于侧壁开窗上颌窦底提升术

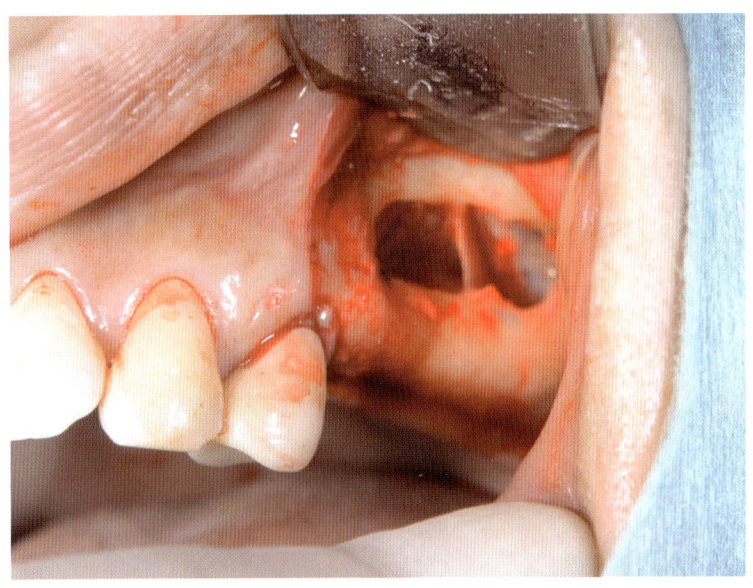

图5-7 确认上颌窦黏膜没有破裂或穿孔。如果出现破裂或穿孔,最好采用可吸收性膜对损伤部位进行保护

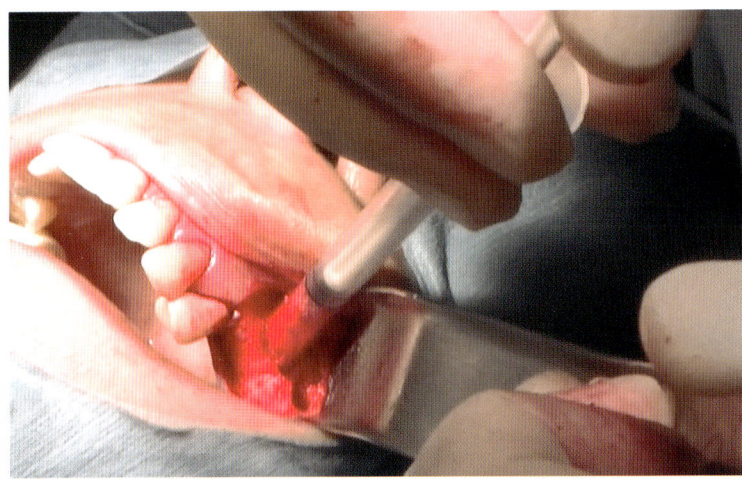

图5-8 填入骨填充材料

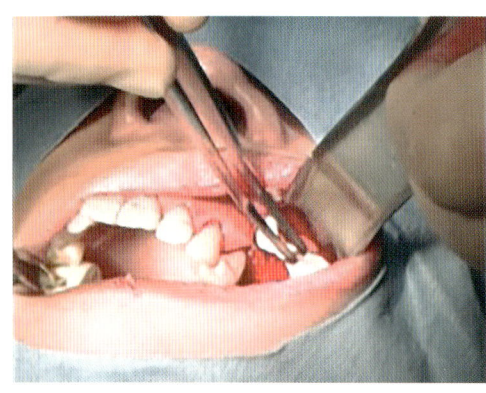

扫码观看操作视频

图5-9 使用可吸收生物膜（Bio-Gide）对开窗部进行封闭

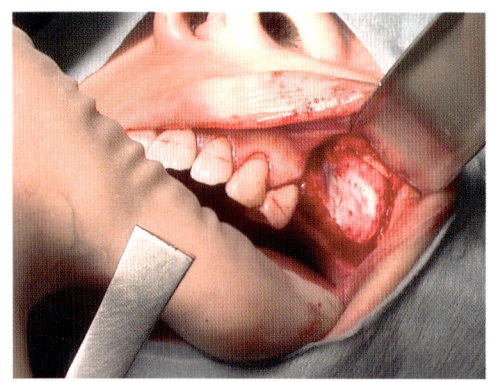

图5-10 开窗部的封闭

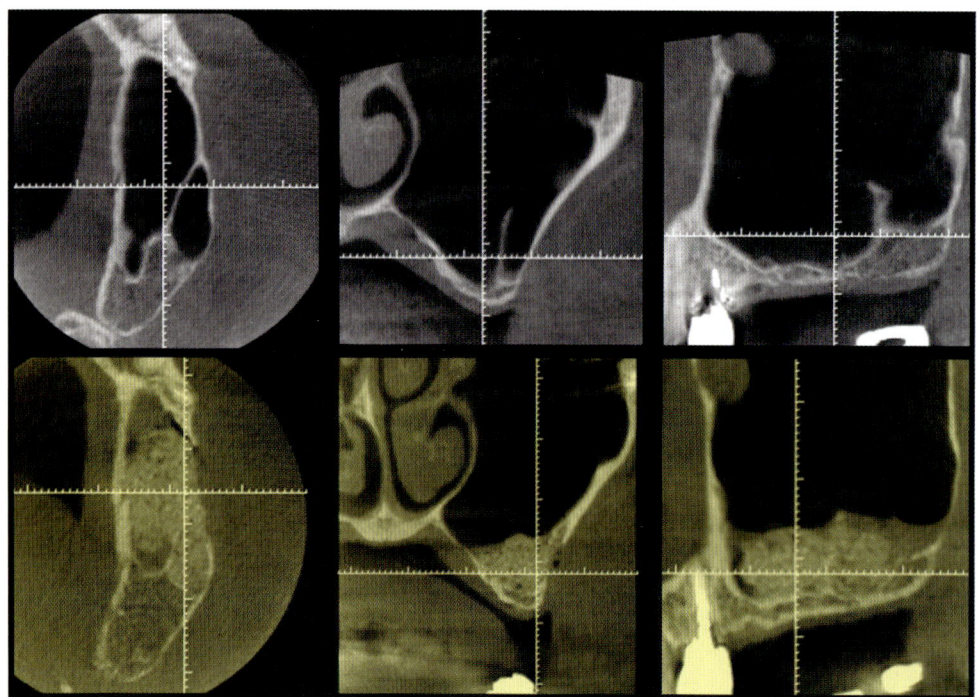

图5-11 CT影像。上方：术前；下方：术后

第5章　应用于侧壁开窗上颌窦底提升术

◎ **使用的器具和材料**

介绍在进行侧壁开窗上颌窦底提升术时所使用的器械的一个例子（图5-12～图5-15）。

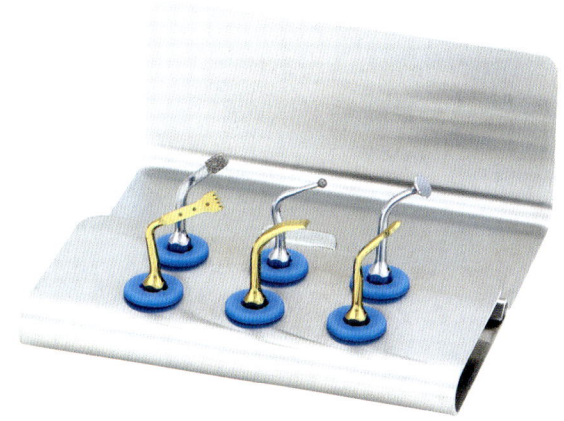

图5-12　安装在VarioSurg3上的工作尖

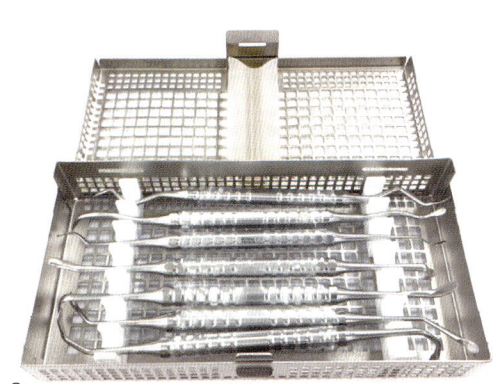

a

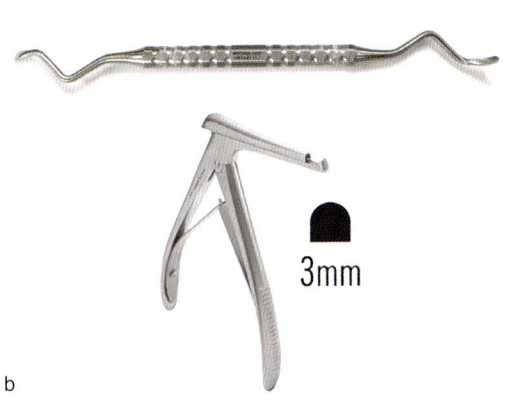

b

图5-13a、b　a：侧壁开窗上颌窦底提升术工具盒。有各种形状的提升专用剥离子。中间：典型的提升专用剥离子；b：咬骨钳

049

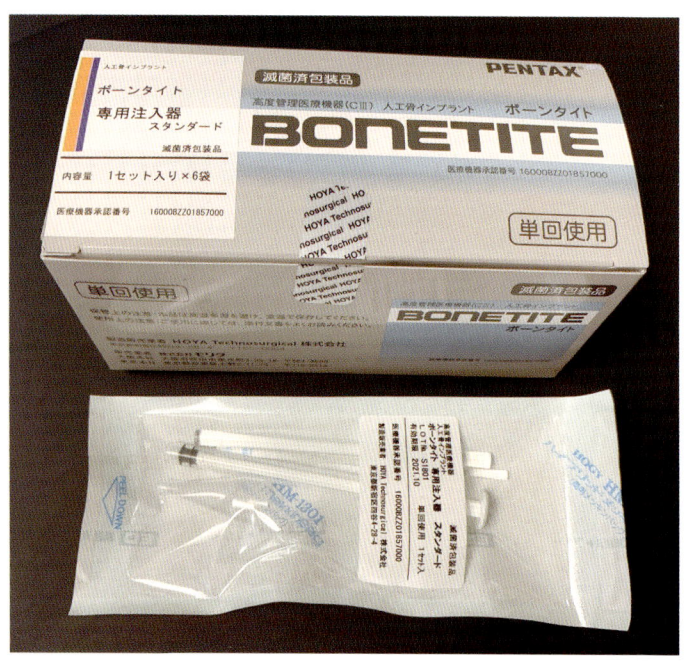

图5-14 Bonetite专用注射器

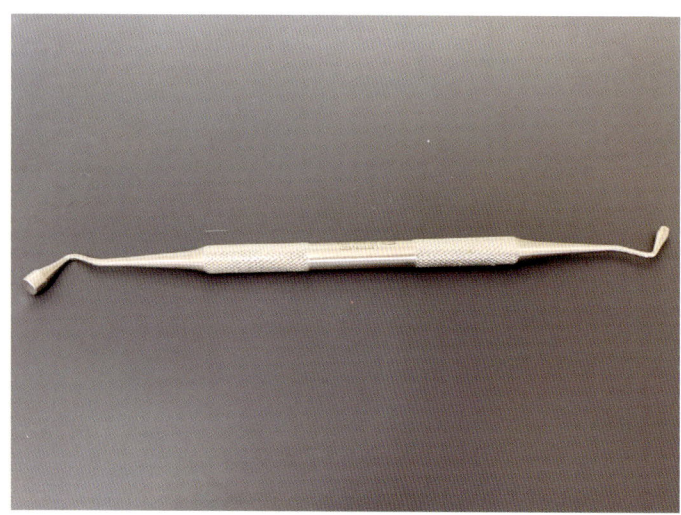

图5-15 用于填充材料的填充器

6

第6章

应用于经嵴顶上颌窦底提升术

在本章中,将对靠近上颌窦的垂直骨量不足的部位进行骨再生的方法之一——经嵴顶上颌窦底提升术,及其临床手术方式进行解说。

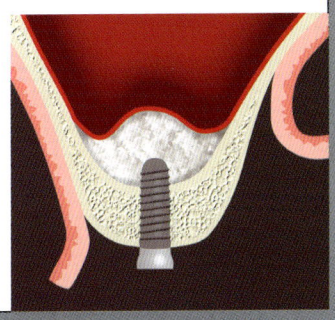

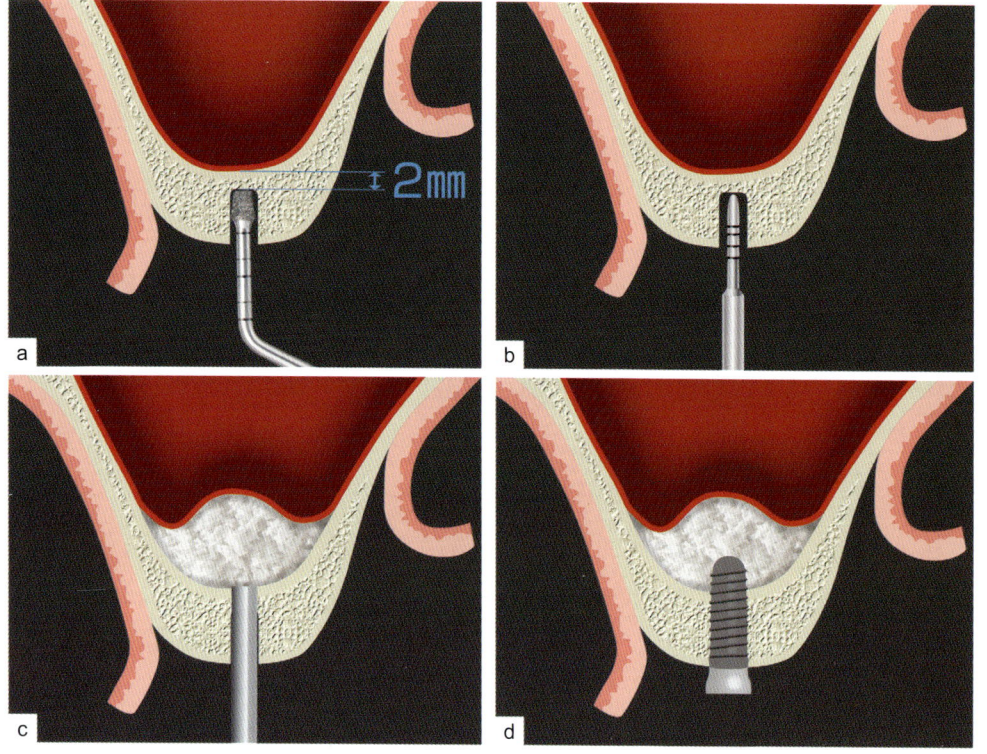

图6-1a~d 经嵴顶上颌窦底提升术的手术方式。a：种植窝预备至距离窦底2mm处；b：用骨凿抬高窦底骨，避免损伤窦底黏膜；c：在提升的部位谨慎地填入骨填充材料；d：植入种植体，确保初期稳定性良好

由Summers等学者于1994年提出的经嵴顶上颌窦底提升术，即最初窦嵴距6~8mm的情况下，可以实现上颌磨牙位点3~5mm高度骨增量的方法。虽然其应用范围有限，但与侧壁开窗上颌窦底提升术相比，外科创伤和感染风险更小，术后并发症更少。

经嵴顶上颌窦底提升术的手术方式是，使用骨凿（Osteotome）敲击抬高上颌窦底骨，从窦底骨折部位填入骨填充材料，同时提升上颌窦底，植入种植体（图6-1）。采用本手术方式时，即使使用了显微镜等，由于是在盲视下进行操作，所以需要特别注意青枝骨折时的变化和手指的感觉。

◎ **临床手术方式和注意要点**

下面将结合图片和视频等进行解说（图6-2~图6-9）。

第6章　应用于经嵴顶上颌窦底提升术

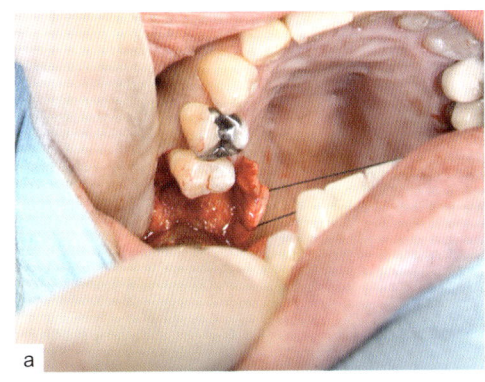
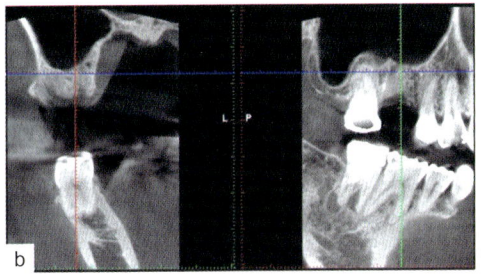

图6-2a、b　6|区域。CT影像显示，垂直骨量为6mm左右，现有骨的CT值为500左右。植入的种植体计划为直径4.8mm左右的宽径种植体。预定用直径为3.8~4mm的扩孔钻预备种植窝

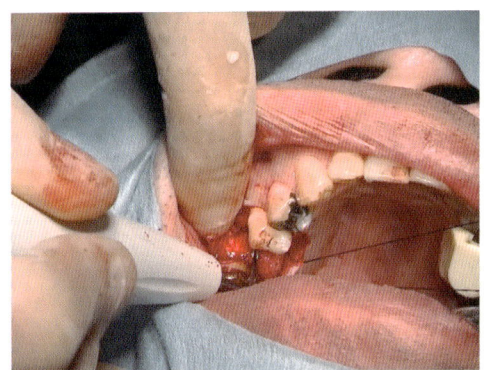

扫码观看操作视频

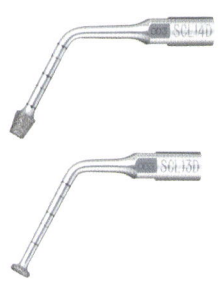

图6-3　在上颌窦底附近使用传统扩孔钻时，容易造成上颌窦黏膜穿孔。因此，使用超声骨刀谨慎预备至接近窦底。使用的工作尖为SCL14D和SCL13D（两个工作尖设置为相同模式，SURG模式；上限功率：80%）

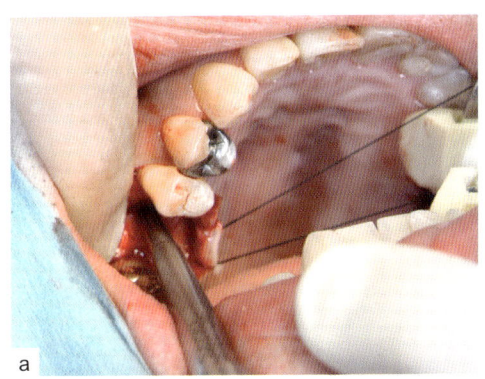
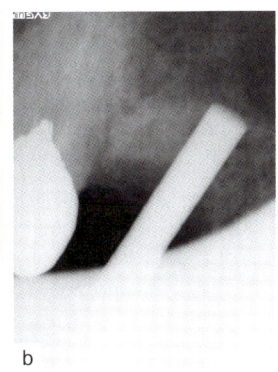

图6-4a、b　结合使用骨凿，使上颌窦底发生青枝骨折

053

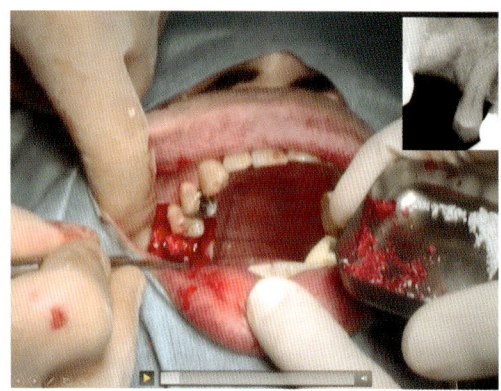

扫码观看操作视频

图6-5 将血液与骨填充材料（Bio-Oss）混合后，填入种植窝。使用骨凿谨慎地提升上颌窦底

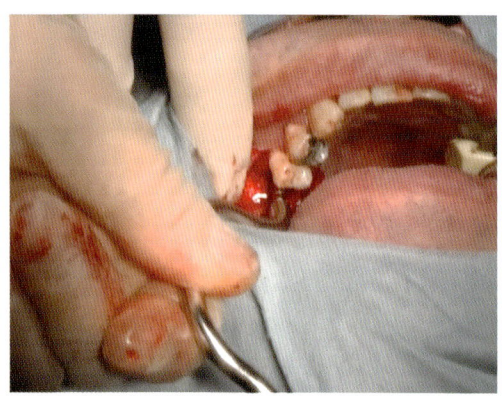

扫码观看操作视频

图6-6 骨凿是以"咚咚"轻敲的感觉进行操作的。此时，不可避免地要在盲视下进行操作，因此要将注意力放在手指的感受上

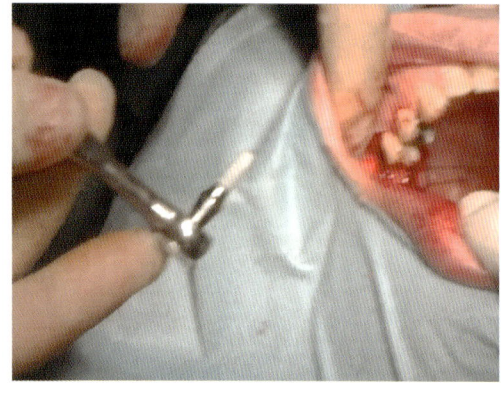

扫码观看操作视频

图6-7 种植窝预备时，采用级差备洞，根据骨质来确定最终钻直径的级差，确保植入种植体能够获得良好的初期稳定性

第6章 应用于经嵴顶上颌窦底提升术

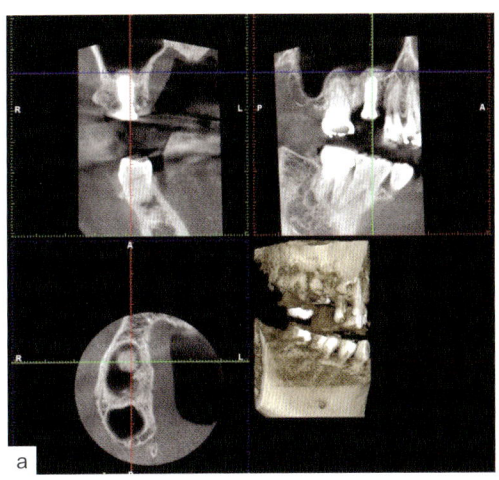
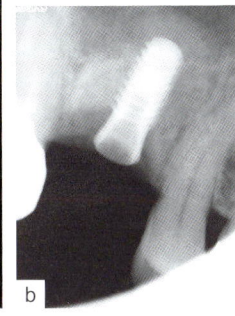

图6-8a、b 术后，可以在不损伤上颌窦黏膜的前提下进行经嵴顶上颌窦底提升术。由此可见，通过骨移植实现了圆顶状的骨增量

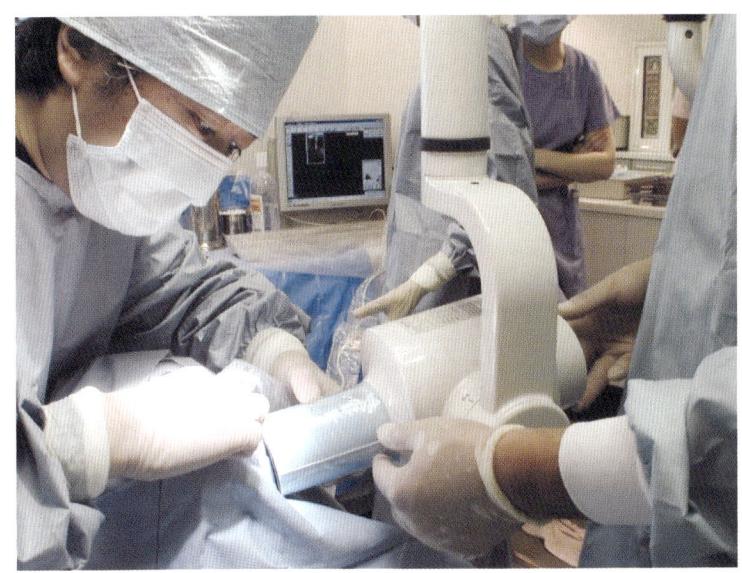

图6-9 笔者的手术室配有数字X光和显示器（可以现场确认）。使用这些工具，可以实时确认手术情况和手术部位的状态

055

◎ **使用的器具和材料**

介绍在进行经嵴顶上颌窦底提升术时所使用的器械的一个例子（图6-10）。

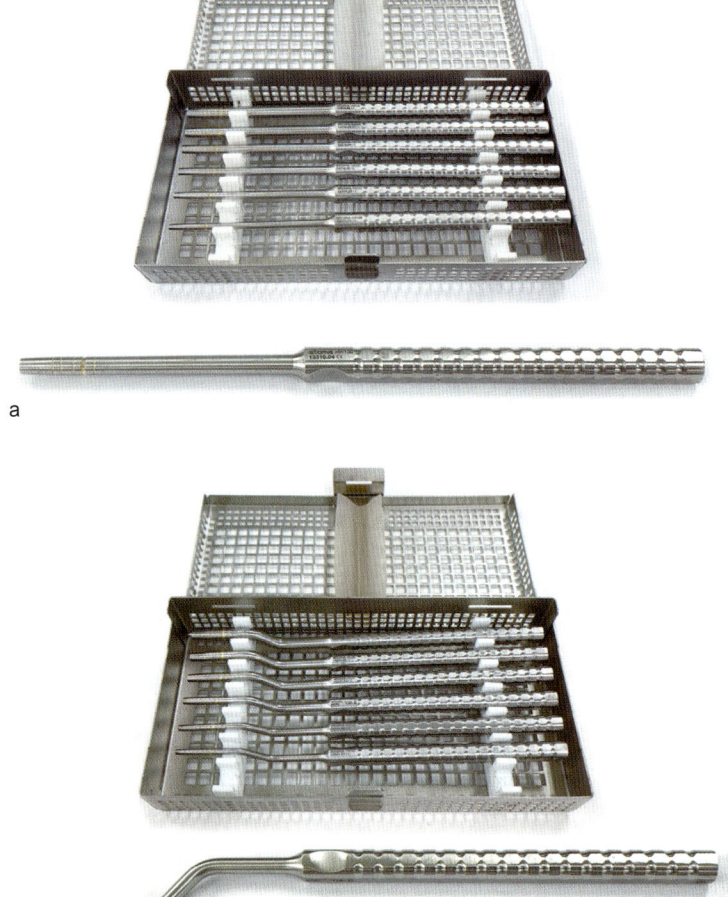

图6-10a、b 进行经嵴顶上颌窦底提升术时使用的骨凿。分为直形（a）和曲形（b）2种，并且配有大小不同的尖端。根据植入种植体的直径和部位来区分使用

上颌窦提升术是一种手术创伤较小的骨增量技术，同时也是能有效应用于种植体植入的手术，但要求现有牙槽嵴保留约5mm的高度。然而，不同于上颌窦外提升术，该手术包含盲视下的手术操作，可谓是一种易受施术人员技术影响的精细手术。因此，必须通过CT影像熟悉现有骨和窦底的形态及剩余骨量，并掌握超声骨刀系统能够成型和切削的骨量及位置，同时熟悉选择使用的钻头、骨刀的使用方法以及可吸收性膜的联用事项等一系列技术细节。

7

第7章

牙槽窝保存术和牙槽嵴骨劈开术

拔牙后,周围的牙槽骨一定会因拔牙所致的感染和外科创伤引起骨吸收,会影响到该部位的种植体植入和最终修复。因此,要掌握尽可能保存拔牙窝以及周围骨的骨量、形态的方法。另一方面,对于拔牙后由于骨吸收而变狭窄的牙槽骨,可采用骨增量法,例如:牙槽窝保存术、骨劈开术、骨扩张术等都很有效。在本章中,我们将对相关理论和手术方式,以及临床应用中的注意要点进行解说。

此外,毛内伸威医生和三串雄俊医生分别为我们提供了关于牙槽窝保存术和骨劈开术的宝贵临床照片和资料。

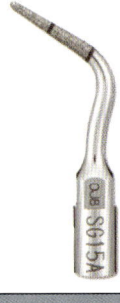

◎ 什么是牙槽窝保存术（Socket preservation）

拔牙后，由于感染和外科创伤等因素，骨形态和骨量会出现约为50%的水平吸收，大部分在3个月内发生，水平吸收2.6~4.6mm，垂直吸收0.4~3.9mm。

特别是上颌前牙区，唇侧骨有时会出现40%~60%的骨吸收情况。因此，需要进行牙槽窝保存术，即将自体骨和骨填充材料填入拔牙窝内，以保存周围的牙槽骨并防止骨吸收。以下为其学术依据。

- 【1985年】将异质骨放入拔牙窝，极大地防止了拔牙窝吸收情况。

- 【1997年】报告了使用不可吸收性GBR膜的牙槽窝保存术的效果。

- 【1999年】报告了在拔牙窝刮除术后，用混有异质骨的骨胶原封闭，再用义齿封闭牙槽窝的方法。

- 【2004年】报告了通过异质骨与骨胶原可吸收膜（GBR膜）的结合使用，用牙龈和假牙封堵拔牙窝的方法。

- 【2015年】报告了牙槽嵴保存术（Ridge Preservation）的系统评价，提供了牙槽嵴保存术对硬组织影响的科学依据。

◎ 牙槽窝保存术在临床应用中的注意要点

结合插图来进行解说（图7-1~图7-7）。

第7章 牙槽窝保存术和牙槽嵴劈开术

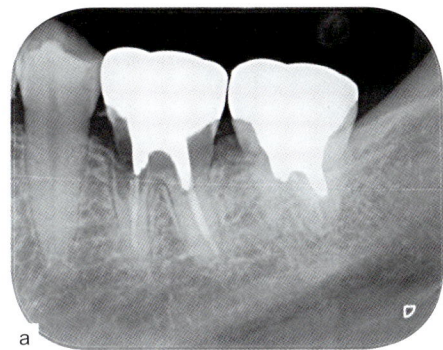 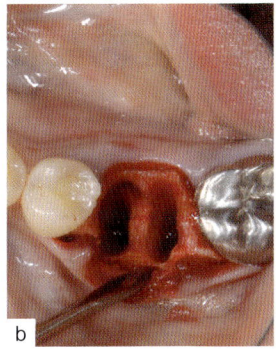 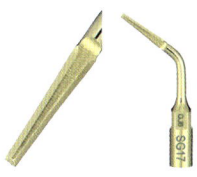

图7-1a、b ⌐6 的龋齿已发展到根管内，处于不得不拔除的状态。在这种情况下，VarioSurg3的拔牙专用工作尖［SG17（模式：SURG模式；上限功率：80%）］非常有效

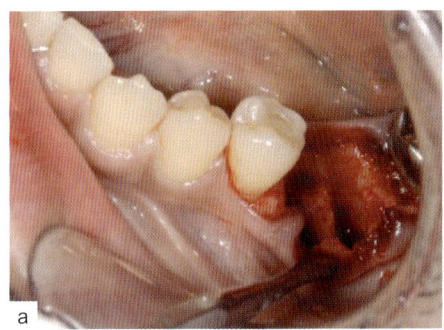 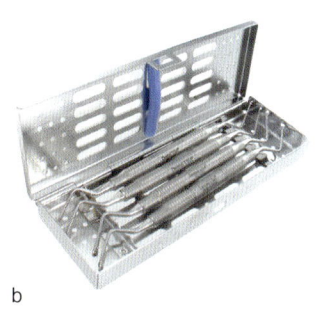

图7-2a、b 使用刮匙等刮除拔牙窝内的不良肉芽，这一点很重要

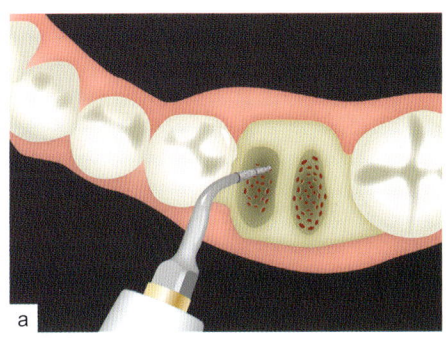 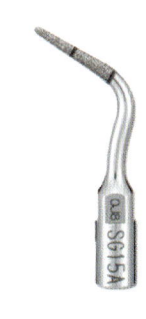

图7-3a、b 在拔牙窝周围的牙槽骨上打孔，用SG15A进行去皮质骨，促进骨髓出血

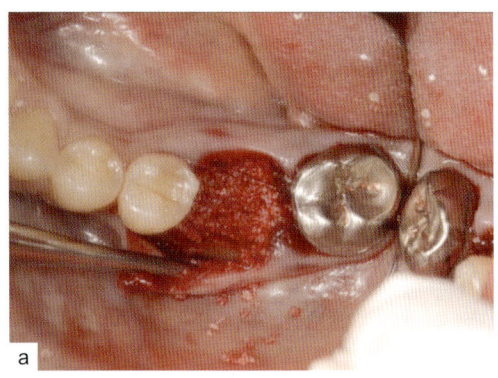
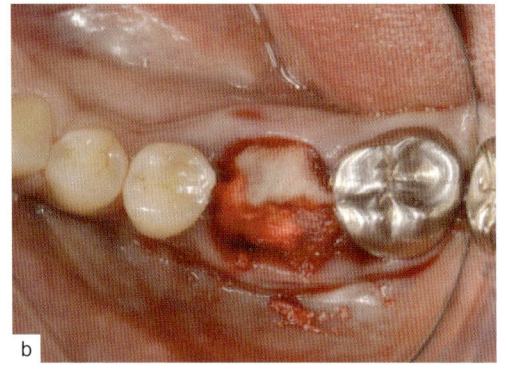

图7-4a、b 填入骨填充材料，并用可吸收膜覆盖

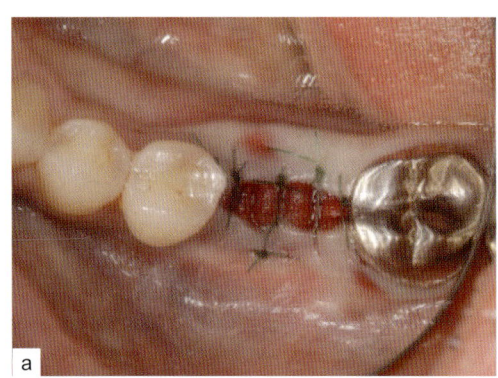
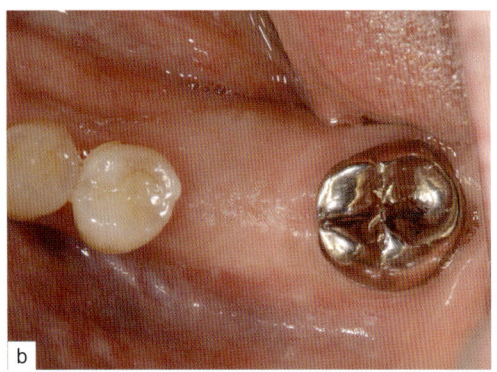

图7-5a、b 缝合，设置5个月左右的愈合期

第7章 牙槽窝保存术和牙槽嵴骨劈开术

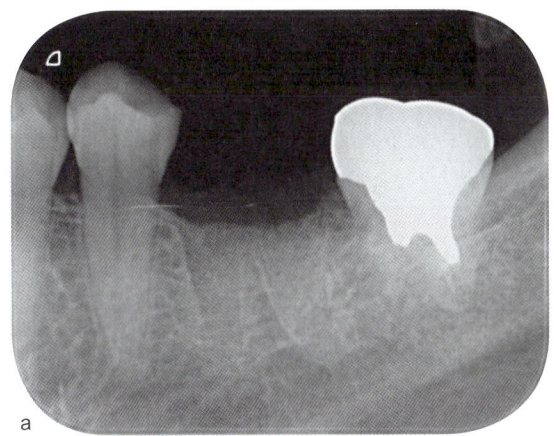

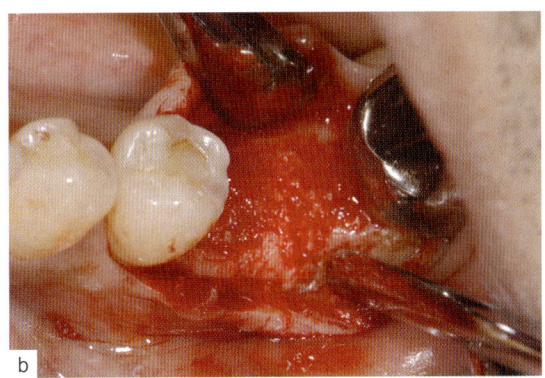

图7-6a、b 具有足够的骨量，可进行种植治疗

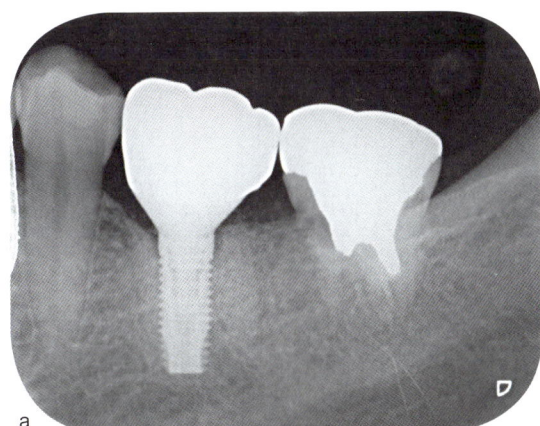

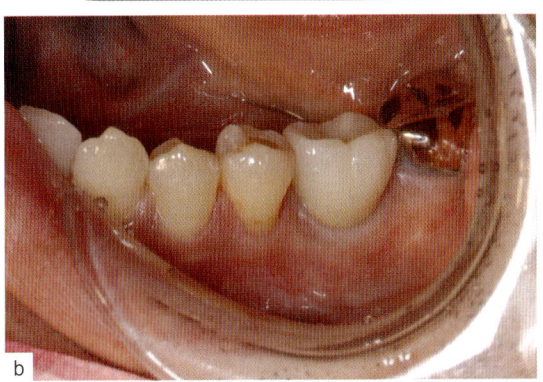

图7-7a、b 术后。周围骨得以保存，进行了理想的种植治疗

◎ 骨扩张术（Ridge expansion）和骨劈开术（Split-crest）

拔牙后，在牙槽骨吸收而骨宽不足的部位植入种植体时，除了留出种植体直径（3~4mm）外，还需要计入颊侧和舌侧各1mm的骨宽，因此颊舌向牙槽嵴宽度至少需要5~6mm或更宽。

因此，需要在保存现有皮质骨的情况下，进行水平切开、分割，进行挤压、扩张，得到所需的骨宽。为了水平地扩大骨宽度，应在保存现有皮质骨的状态下进行。

为应用这种技术，需要3.5mm以上的颊舌向骨宽度。最具代表性的有骨扩张术和骨劈开术。

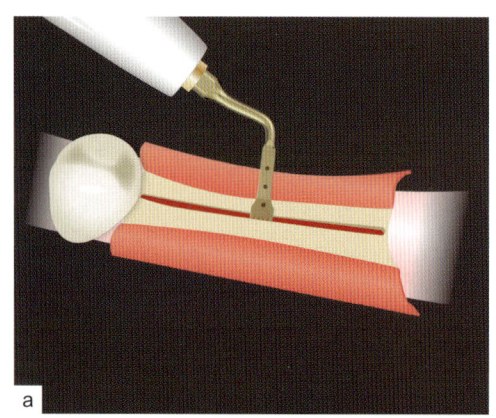
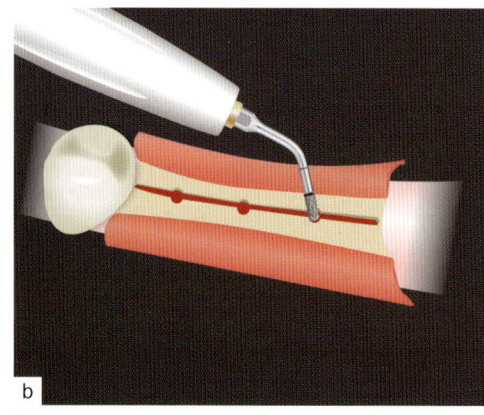
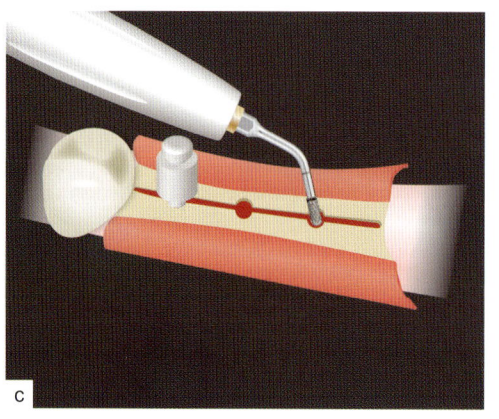

图7-8a~c 骨劈开术的基本手术方式

a：沿牙槽嵴顶水平切开皮质骨；b：形成一个小的引导孔（Guide hole）作为导向孔（Pilot hole）；c：用牙槽嵴扩张器（Ridge expander）或骨撑开器（Bone spreader）将导向孔推开。皮质骨的骨密度高时，在近中或远中部进行垂直骨切开

1. 骨扩张术

首先在狭窄的牙槽骨中央附近形成小的引导孔（Guide hole）。将其作为导向孔（Pilot hole），利用牙槽嵴扩张器（Ridge expander）或扩骨器（Bone spreader）压缩和扩大该孔，通过水平推开狭窄的牙槽骨使其增宽，创建出种植体周的骨组织。然后，通过压缩骨组织，提高骨密度，获得初期稳定性。

2. 骨劈开术（图7-8）

在狭窄的牙槽骨上，在颊舌的牙槽嵴顶中央进行水平骨切开，形成狭缝。皮质骨的骨密度高时，为了减少张力，应在水平切骨的近中端进行。使用牙槽嵴扩张器（Ridge expander）或骨撑开器（Bone spreader）插入骨切开槽中使皮质骨向颊侧水平移动。通过这种方法使狭窄的牙槽骨增宽，植入种植体。

在应用本方法时，为了使下颌骨嵴的颊侧骨保持不完全骨折的青枝骨折状态，要求向根方切骨的深度比种植体长度深1~2mm左右。

此外，垂直切骨也需要在皮质骨及松质骨内有2~3mm的深度。根据病例的不同，有时近中和远中也需要进行纵向切骨，防止颊侧皮质骨断裂。

并且，由于牙槽骨的宽度增大，在进行黏膜缝合时，要在黏骨膜瓣处进行骨膜切开减张，以减少张力。

◎ 骨劈开术的临床应用和使用超声骨刀时的注意要点

下面将结合视频和图片等进行解说（图7-9～图7-18）。

使用超声骨刀进行的骨劈开术是一种理想的治疗方案，与块状骨移植相比，其优点是，外科创伤更小，并且能够在骨再生的同时植入种植体。

- 【2016年】一般认为，采用骨劈开术后，植入上颌或下颌的种植体能够实现短期和长期的可预测的牙槽嵴增宽效果和种植体的高留存率。

- 【2017年】合计4115颗种植体植入进行过骨劈开术（Split-crest）的1732名患者体内（患者平均年龄52岁）。种植体的整体留存率为97%。使用传统手术器械平均骨量增加了3.61mm，而使用超声骨刀时，平均骨量增加了3.69mm。

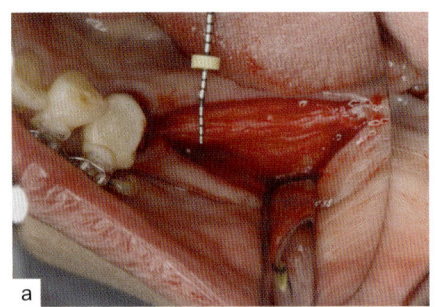
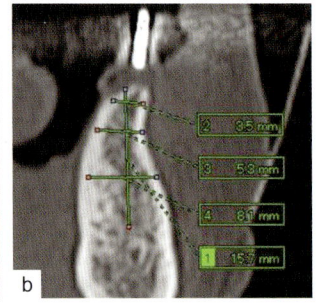

图7-9a、b 右下前磨牙区到磨牙区，可见骨缺损、骨宽度不足

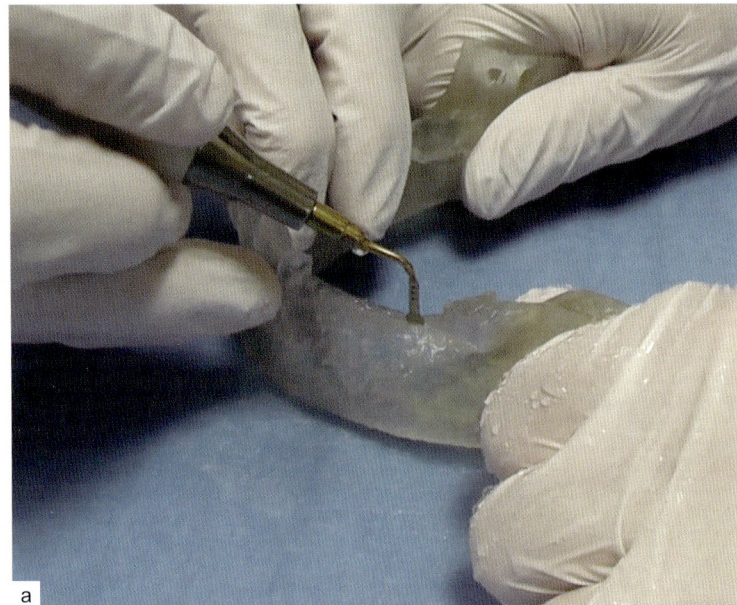

扫码观看操作视频

图7-10a～d 进行模型外科手术。模拟手术可以对实际手术中采用的手法进行训练，同时可以确认所使用的工作尖、器具，这种模拟手术非常重要

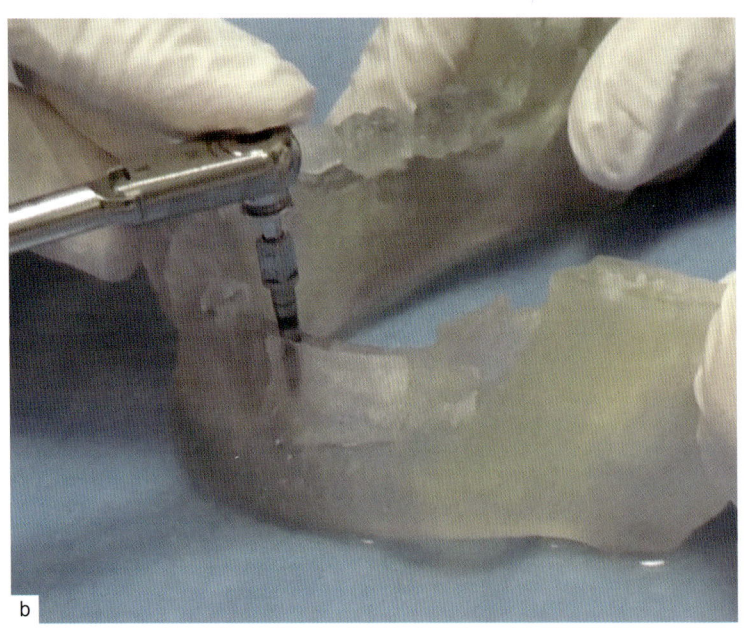

扫码观看操作视频

第7章 牙槽窝保存术和牙槽嵴骨劈开术

扫码观看操作视频

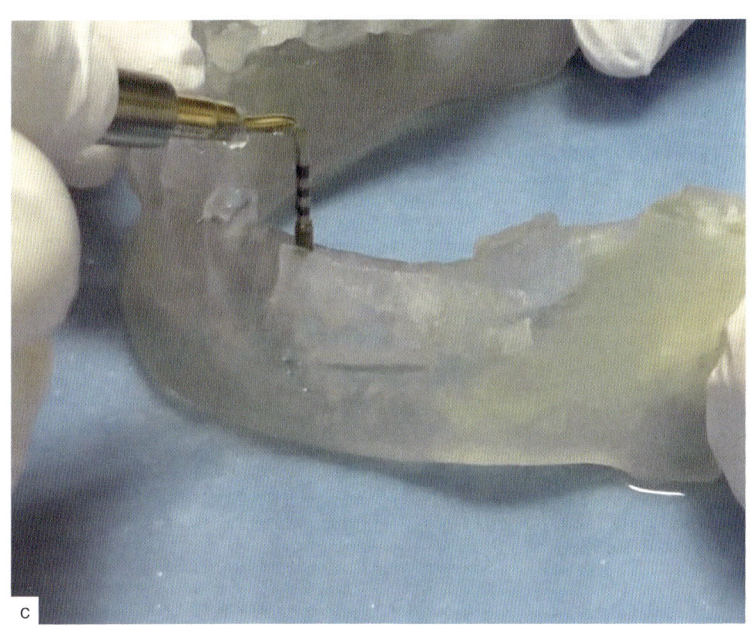

扫码观看操作视频

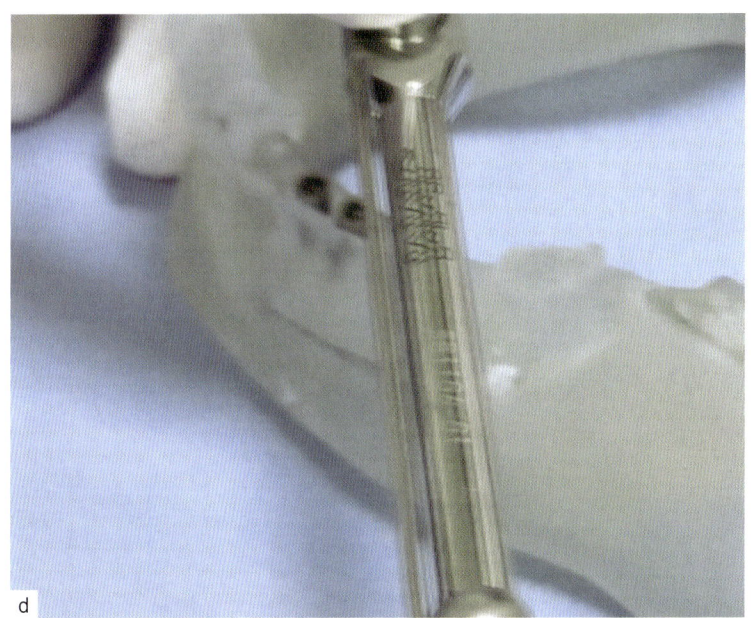

图7-10（续）

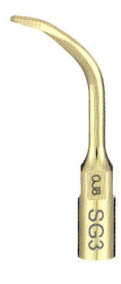

图7-11 使用SG3（模式：SURG模式；上限功率：80%）将牙槽嵴顶稍稍修平整，这样更方便后续使用H-SG1

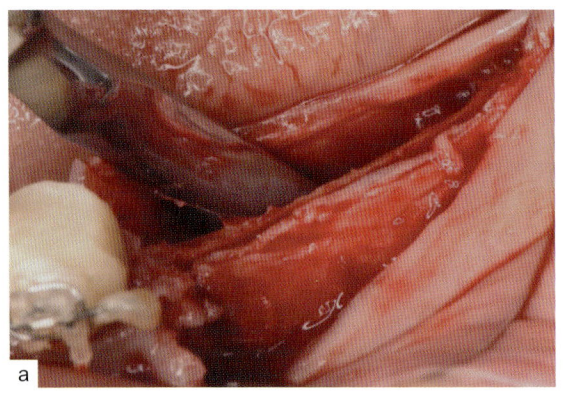 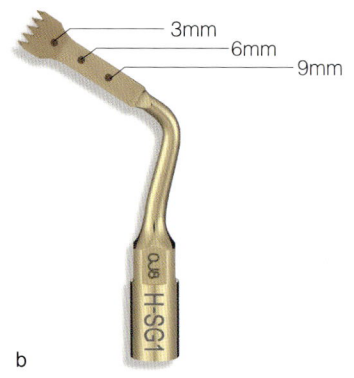

图7-12a、b 使用H-SG1等进行12mm左右深度(第3个黑点被完全遮盖的位置)的骨切开,并在近中部进行纵向骨切开

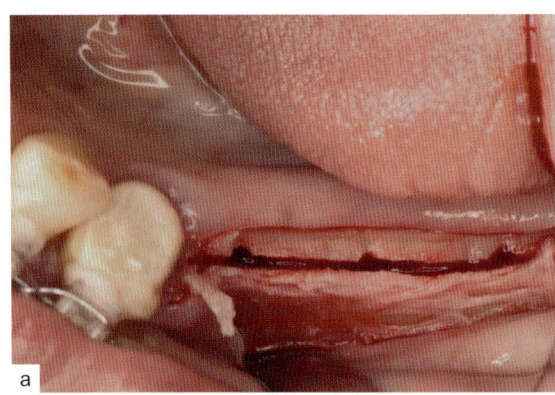 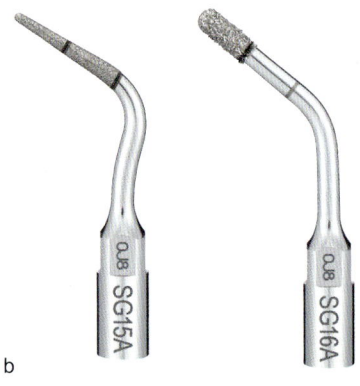

图7-13a、b 使用SG15A(模式:SURG模式;上限功率:50%)和SG16A(模式:SURG模式;上限功率:50%)形成骨扩张孔

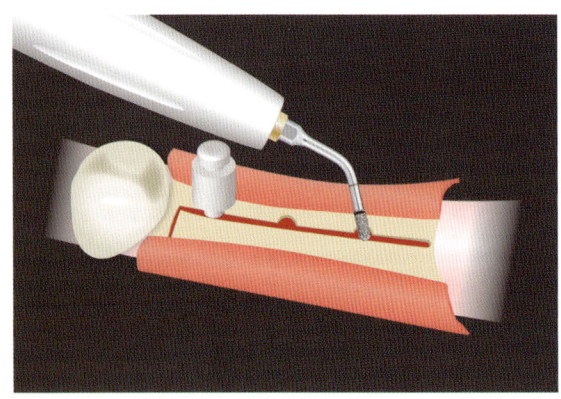

图7-14 必要时增加纵向切开操作。有意识地在偏舌侧位置形成骨扩张孔

第7章 牙槽窝保存术和牙槽嵴骨劈开术

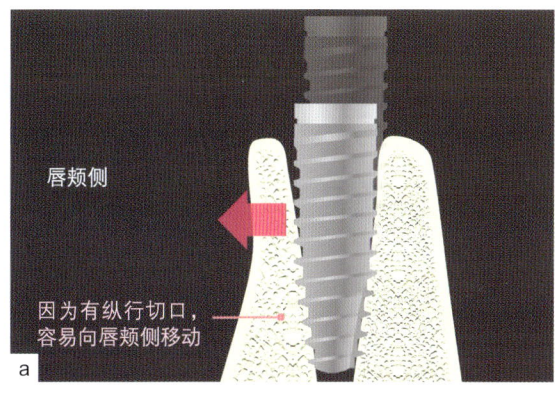

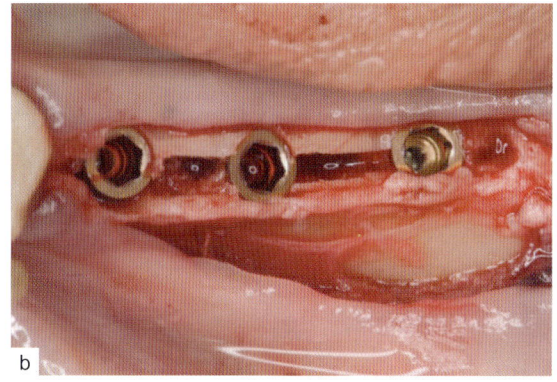

图7-15a、b 应谨慎植入，避免种植体向颊侧倾斜

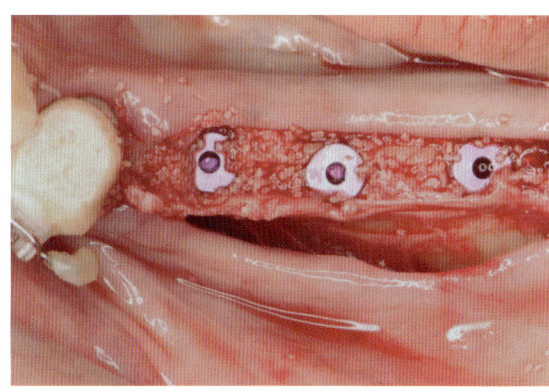

图7-16 在扩张的骨板之间填入骨填充材料

067

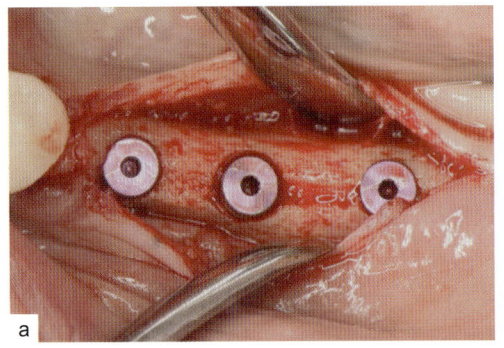
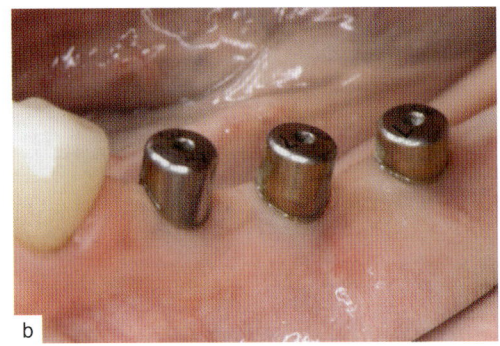

图7-17a、b 术后3个月,已扩张,有充足的骨量支撑种植体

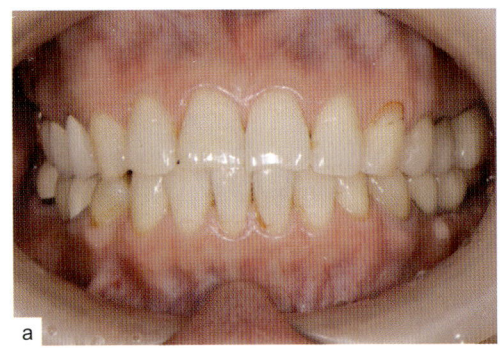
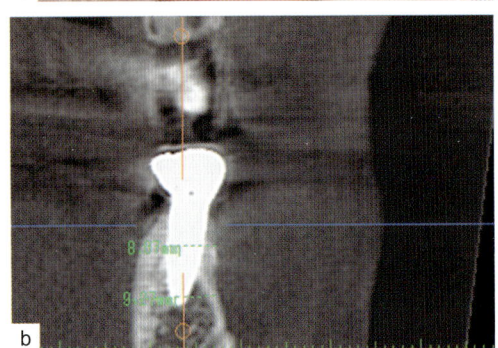

图7-18a、b 术后3年的口内照片和前磨牙区的CT影像

病例7-1：下前牙超声骨刀改良骨劈开术联合GBR骨增量+角化龈移植（图7-19～图7-37）

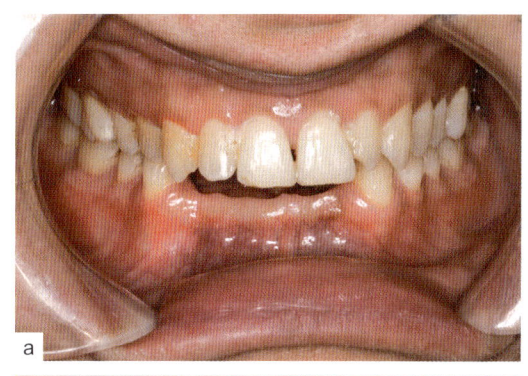
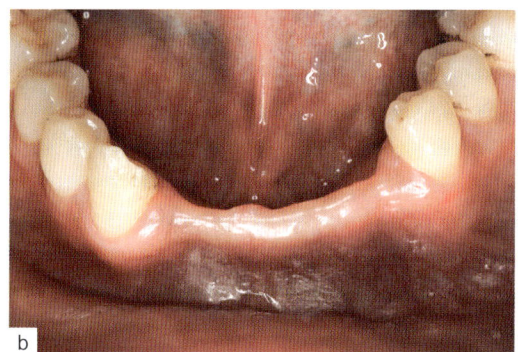

图7-19a、b 术前口内照片可见下前牙区刃状牙槽嵴，角化龈宽度不足

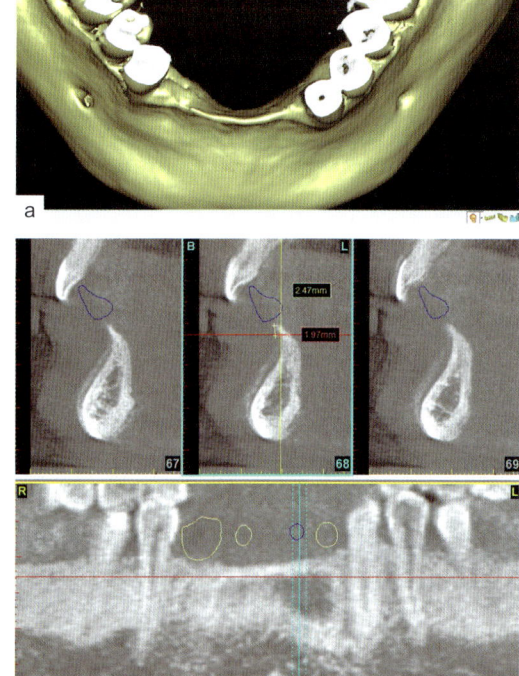

图7-20a、b CBCT影像显示下颌前牙区骨宽度严重不足

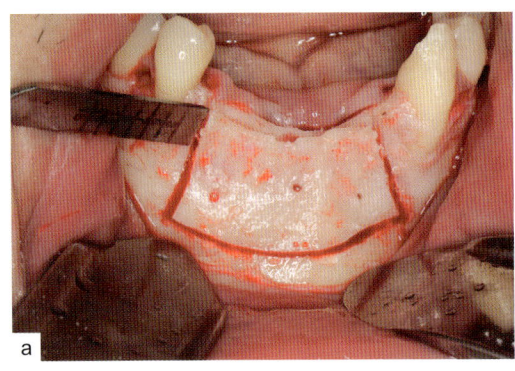
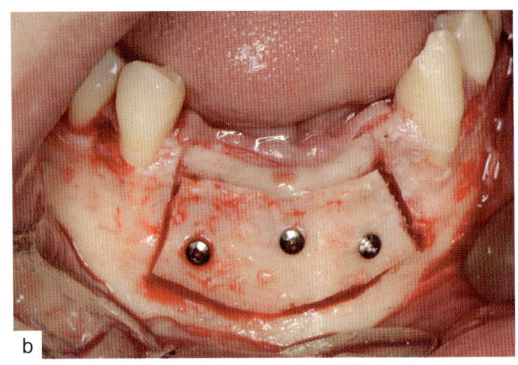

图7-21a、b 利用超声骨刀行颊侧骨板切开、骨劈开，游离颊侧骨板、颊侧骨板颊侧移位后用3枚接骨钉固定

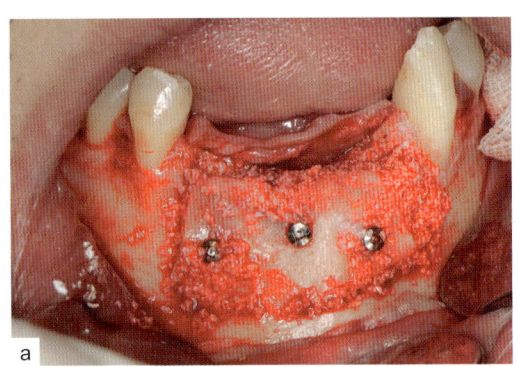
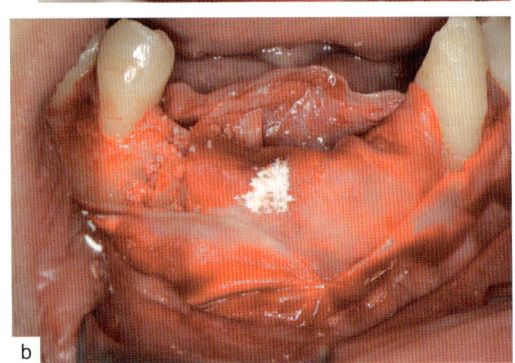

图7-22a、b 间隙填充Bio-Oss骨粉，覆盖Bio-Gide胶原膜

第7章 牙槽窝保存术和牙槽嵴骨劈开术

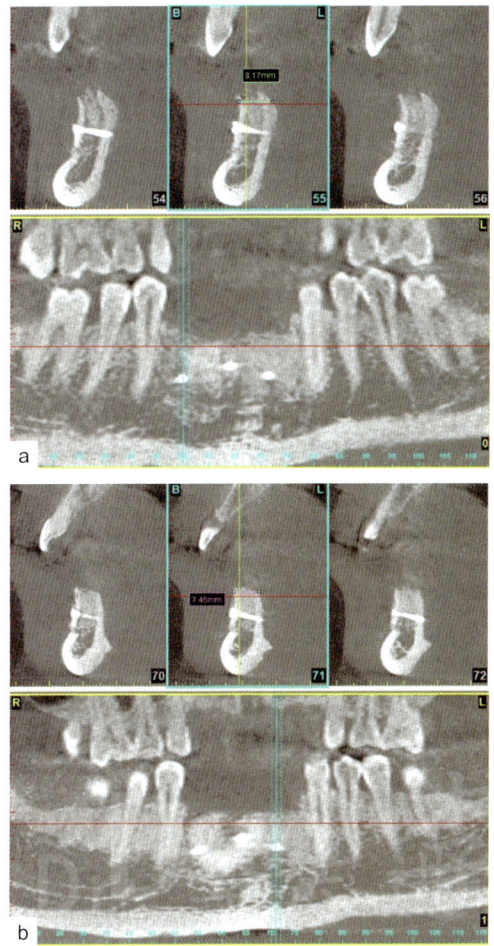

图7-23a、b 术后即刻，影像显示下颌前牙区骨宽度明显增加

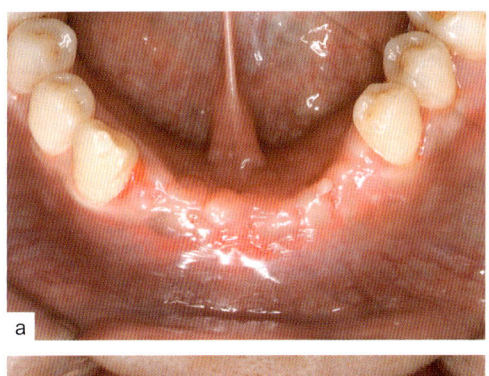

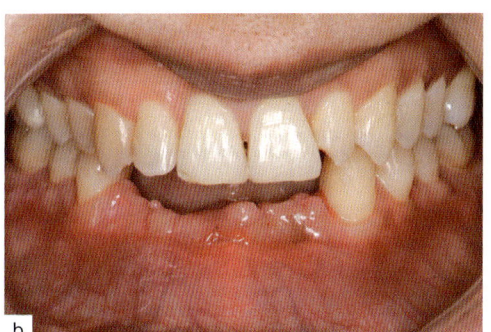

图7-24a、b 术后2周拆线，伤口愈合良好

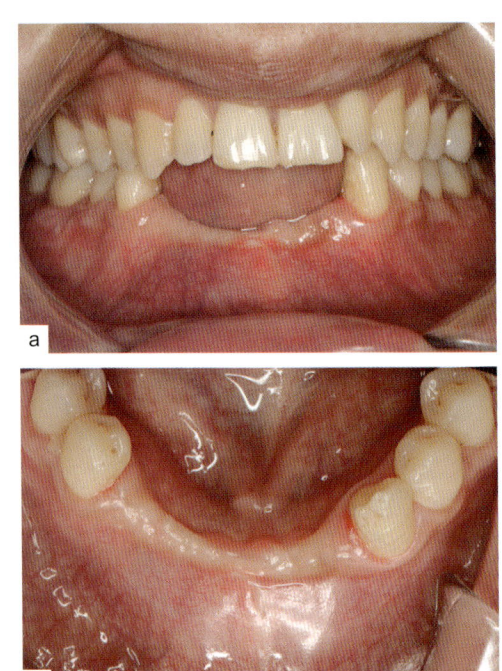

图7-25a、b 术后6个月复查,口内照片,骨宽度明显改善,角化龈宽度不足,前庭沟变浅

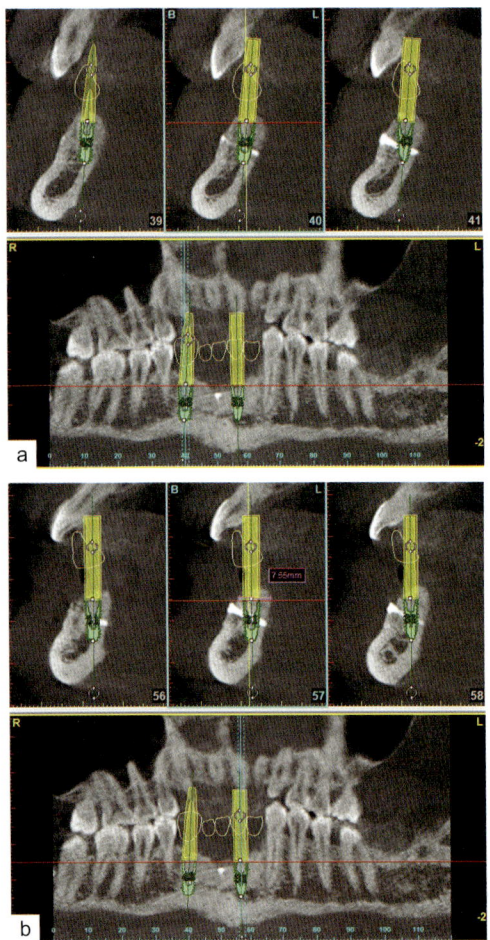

图7-26a、b 术后6个月CBCT复查,成骨良好

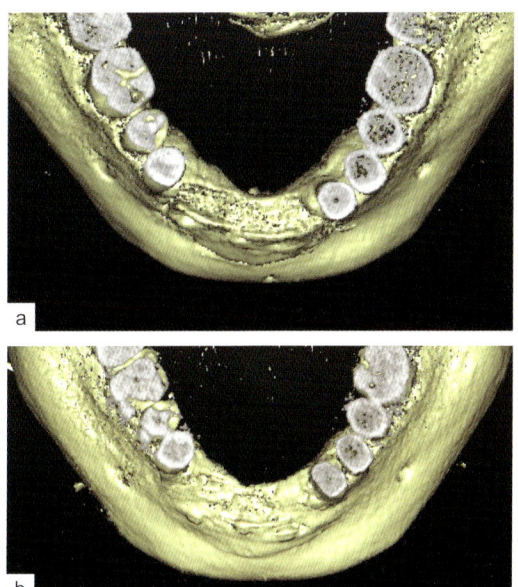

图7-27a、b 植骨术后即刻CBCT三维重建殆面观和植骨术后6个月CBCT三维重建殆面观

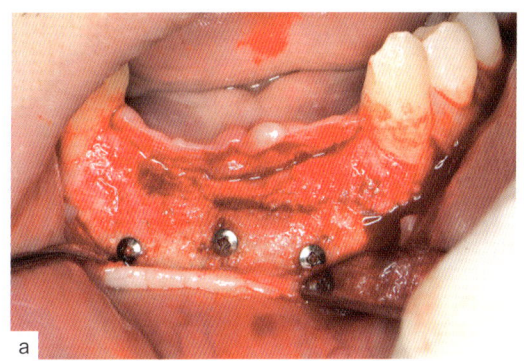

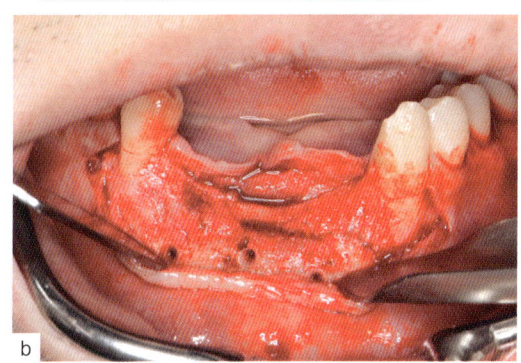

图7-28a、b 二期手术翻瓣，可见成骨良好，取出接骨钉

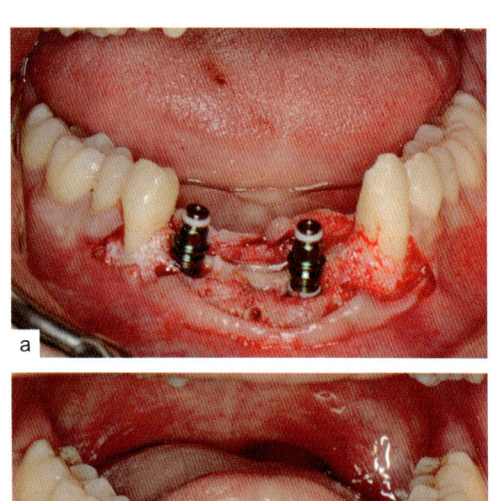

图7-29a、b 在 3|1 位点植入Osstem TSIII种植体，初期稳定性良好，安装愈合基台

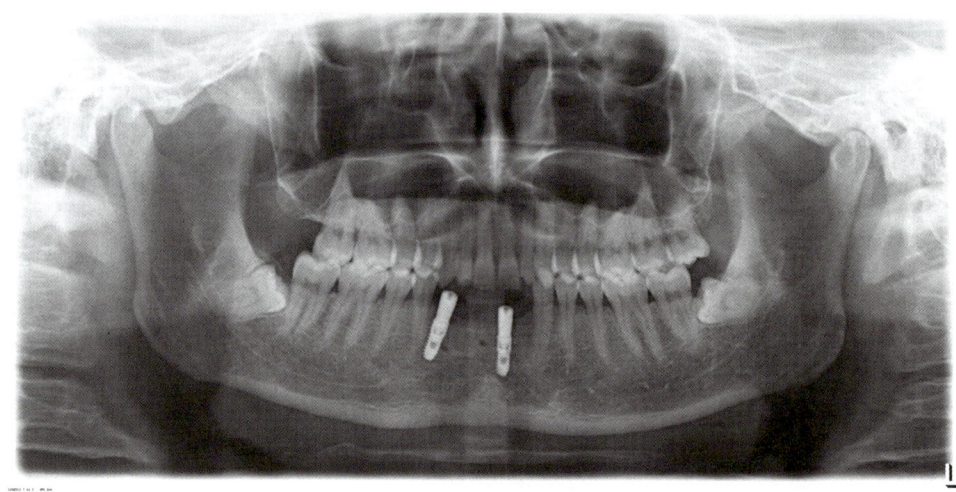

图7-30 种植术后全景片

第7章 牙槽窝保存术和牙槽嵴骨劈开术

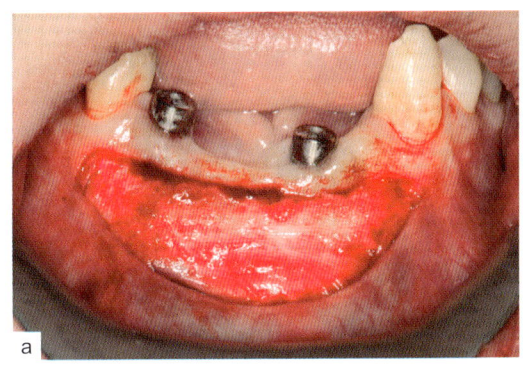
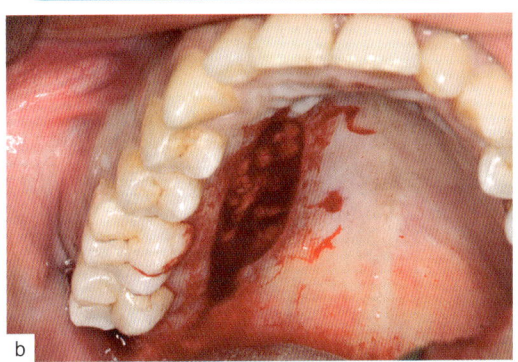

图7-31a、b 受植床预备，制备半厚瓣，根向复位固定，前庭沟加深，从右侧腭部切取游离角化龈

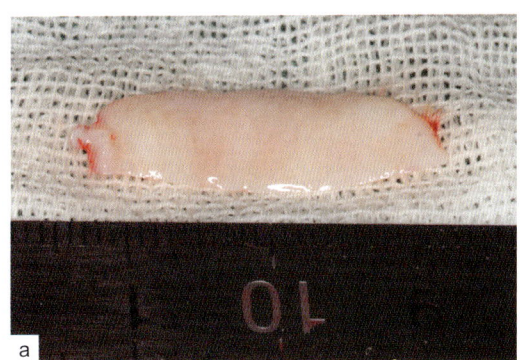
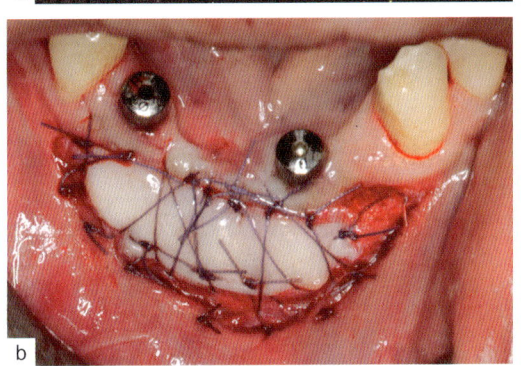

图7-32a、b 将腭部切取的游离角化龈瓣缝合固定至受区

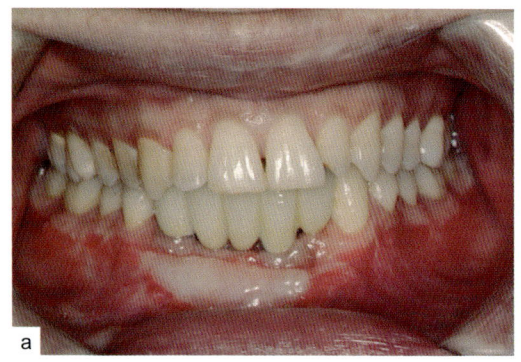
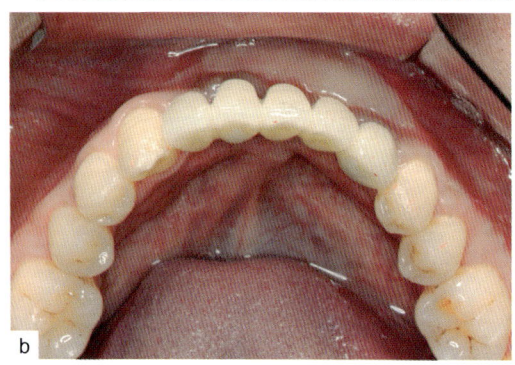

图7-33a、b 最终戴牙后的口内照片和殆面照片，移植的游离角化龈存活良好，前庭沟深度恢复正常

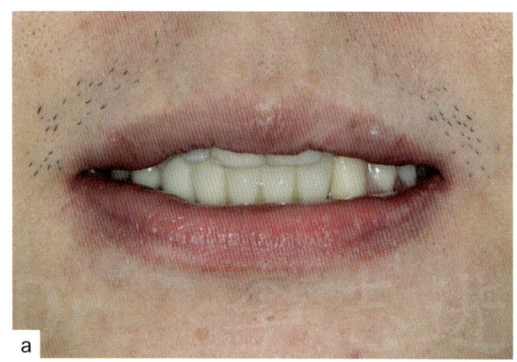
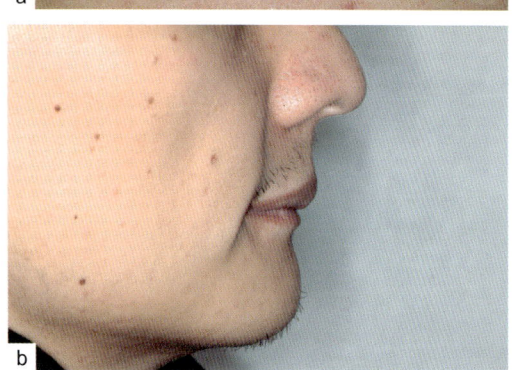

图7-34a、b 最终戴牙后的口外正面照片和侧面照片，侧貌显示下唇丰满度和颏唇沟明显改善

第7章 牙槽窝保存术和牙槽嵴劈开术

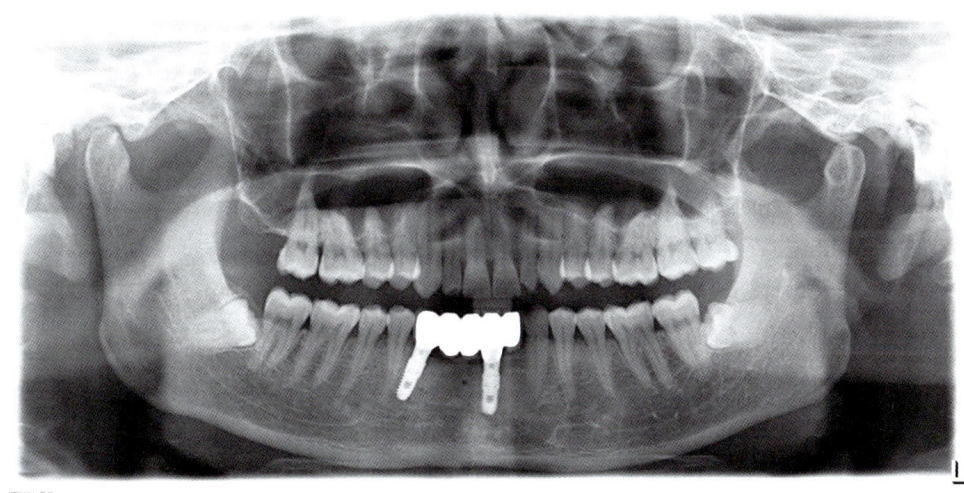

图7-35 最终戴牙后的全景片

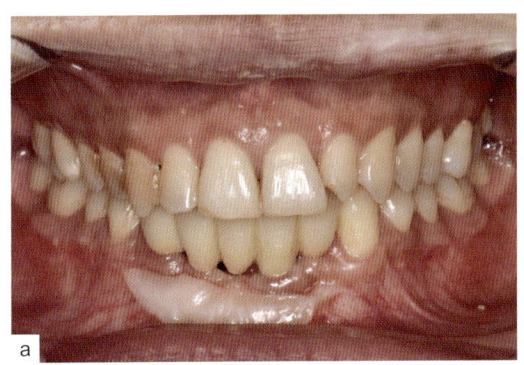

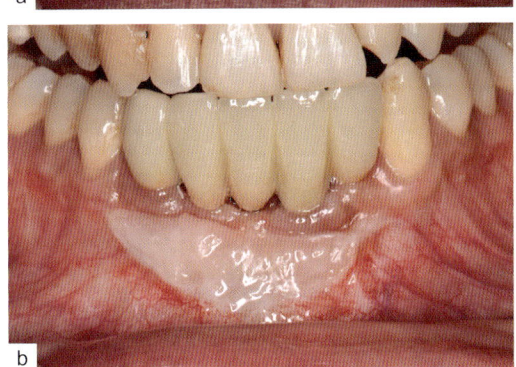

图7-36a、b 1年后复查,种植体周软组织健康,无牙龈退缩,角化龈宽度充足

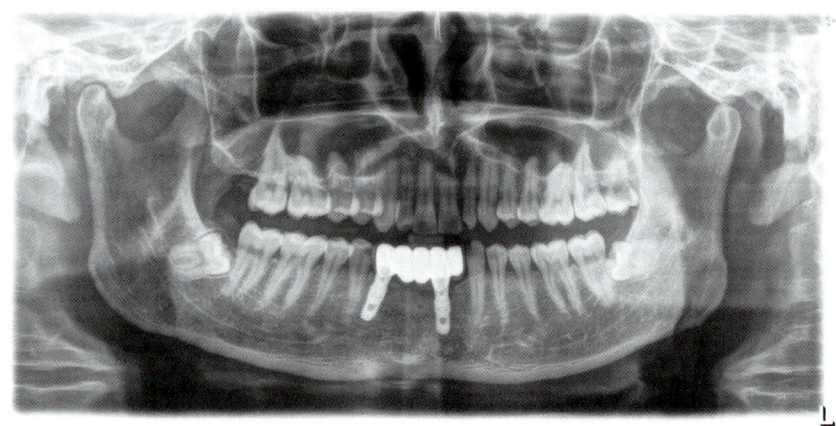

图7-37 1年后复查全景片,种植体骨水平稳定

8

第8章

美学区的块状骨移植

在上颌前牙区有较大骨缺损的病例中,除了功能恢复,美学方面的恢复也是最终修复时的重要目标。
在本章中,我们将对使用超声骨刀的块状骨移植及其临床应用中的注意要点进行解说。

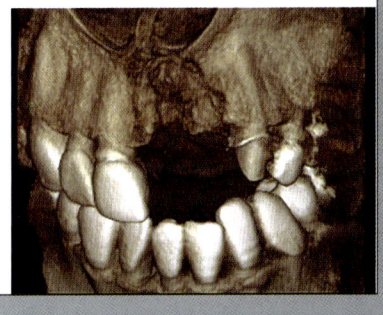

◎ 使用超声骨刀的块状骨移植和临床应用中的注意要点

超声骨刀与外科环钻和环锯相比，可以更精细、更安全地进行骨切除和骨修整，但在采集自体骨方面花费时间也相对较长，手术往往需要更长的时间。此外，由于工作尖的微振动会导致骨折，因此如本书第2章所述，在施加压力和使用方法方面的训练也是必不可少的。并且，由于微振动的影响，工作尖前端会发热，因此需要采用适当的操作，例如：向相关骨组织的深处注水进行冷却等。

此外，需要为患者进行细致周全的考量，特别是在镇静状态时，应及时吸除冷却水并时刻关注患者呼吸。

同时，本章将对采集的块状骨的固定等临床应用进行阐述（图8-1～图8-4）。关于块状骨的采集，请参考本书第3章。

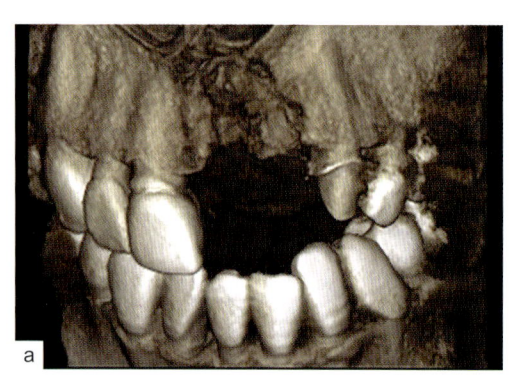
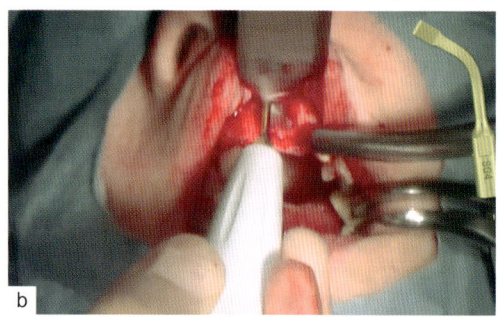
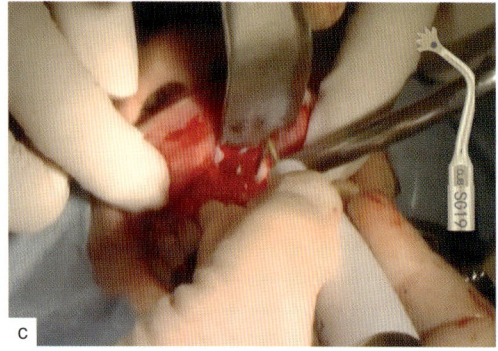

扫码观看操作视频

扫码观看操作视频
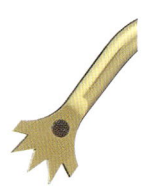

图8-1a～c 为了使块状骨与凹陷部位更贴合，可使用VarioSurg3进行去皮质骨化，同时调整受植床［上：SG4（模式：SURG模式；上限功率：80%）；下：SG19（模式：SURG模式；上限功率：80%）］

第8章 美学区的块状骨移植

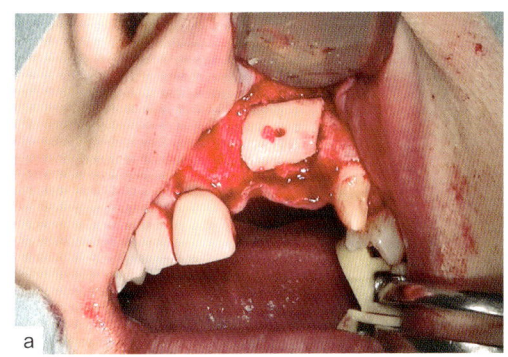

扫码观看操作视频

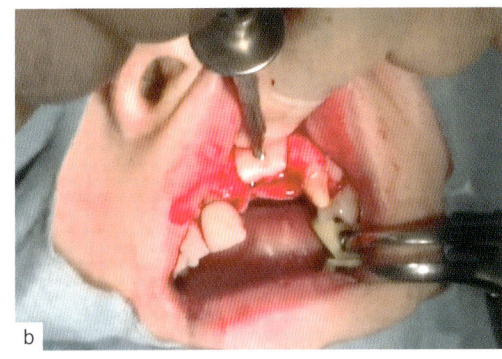

图8-2a、b 受植床和块状骨都要调整，尽可能使受植床和块状骨之间没有缝隙。更重要的一点是，骨螺钉需要固定好，确保块状骨不会移动

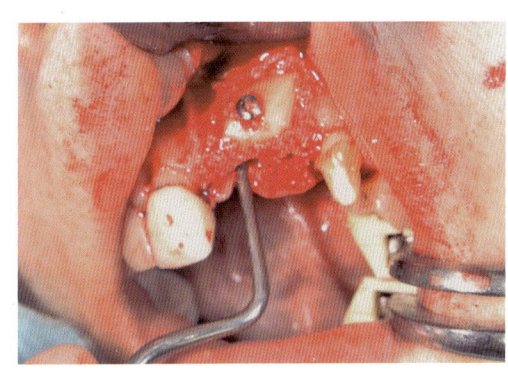

图8-3 块状骨和受植床之间的间隙，用骨屑和骨填充材料（Bio-Oss等）进行填充。如果这个间隙太大，软组织就会长入间隙，阻碍与骨的结合，导致骨形态不良

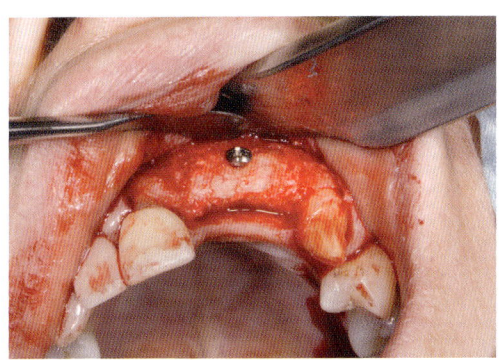

图8-4 术后6个月的骨愈合状态。可以看到，愈合后，凹陷的骨形态恢复得很好

081

◎ 病例：应用块状骨移植的美学修复

患者是20多岁的女性。希望对前牙区进行美学治疗而来医院就诊。

在本病例中，对于 1|1 缺损，安装了 ③②|②③ 的烤瓷固定桥，2| 的根折部位唇侧和周围软硬组织明显退缩。因此，为了改善牙槽嵴的情况，计划暂时不拔除 2|，先进行周围软组织增量后，再进行拔牙和对凹陷部位的骨移植等。对于术式、治疗步骤、最终修复物的选择，都要经过深思熟虑。特别是，像本病例这样的情况，如果轻易拔除 2|，该部位周围的软组织会大幅度退缩，之后进行骨移植时，保存软组织形态的封闭会很困难（**图**8-5～**图**8-18）。

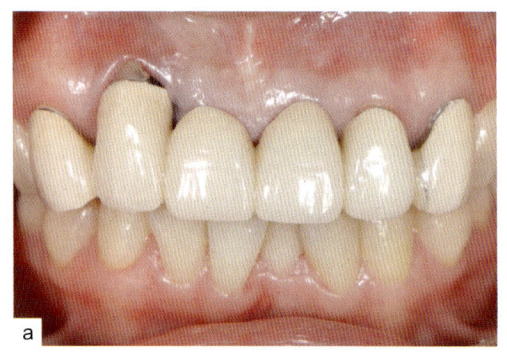
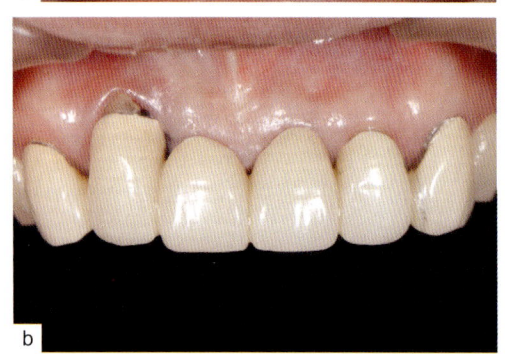

图8-5a、b 术前的口内照片。1|1 缺失，2| 位置较高，且有龋齿

第8章 美学区的块状骨移植

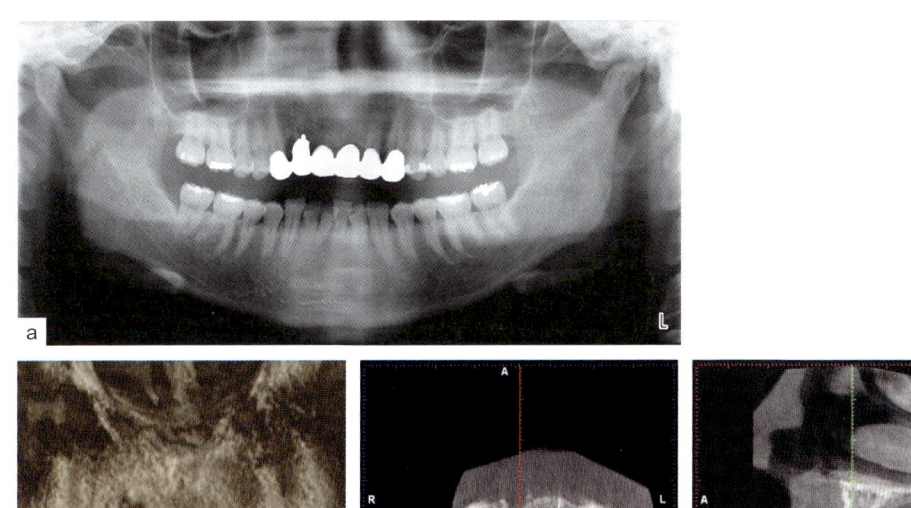

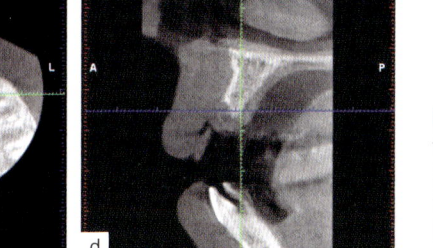

图8-6a～d 除了上颌前牙部以外，没有发现大的问题。从CT影像也可以预测，拔除2|后，其周边会出现很大的凹陷

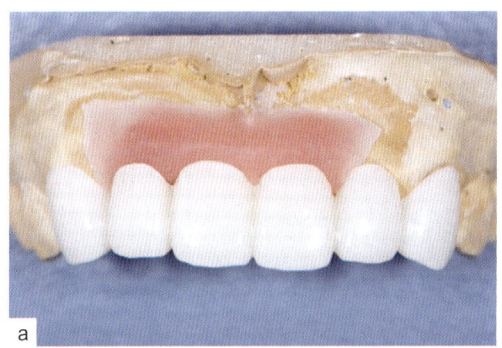

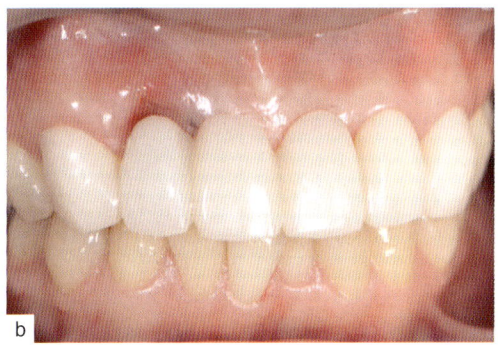

图8-7a、b 在外科模型上制作了基于恢复治疗的软硬组织的实体模型（a）和用于治疗的临时桥架（b）

083

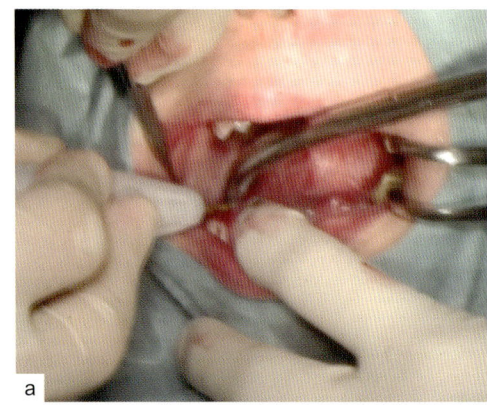

扫码观看操作视频

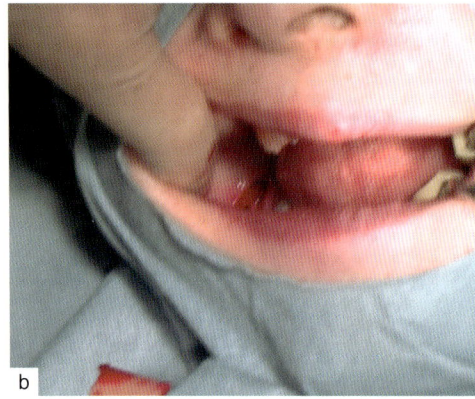

扫码观看操作视频

图8-8a、b 使用超声骨刀,从右下颌支前缘采集块状骨

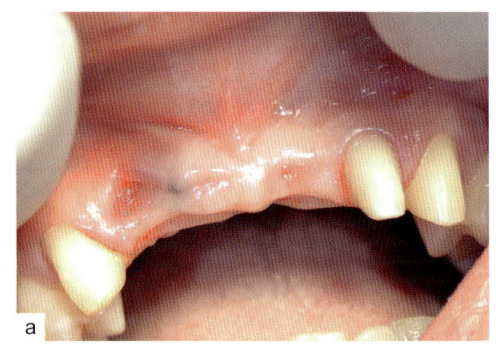
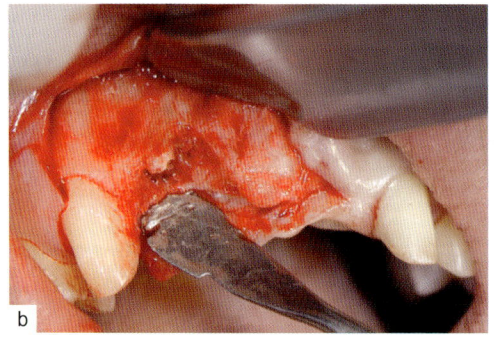

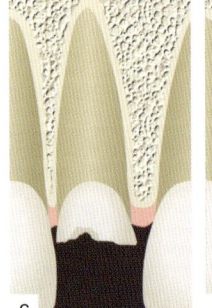
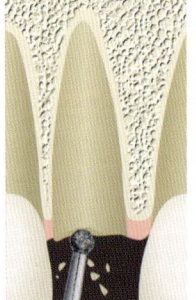
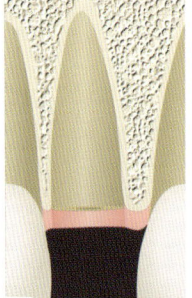
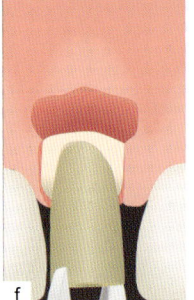
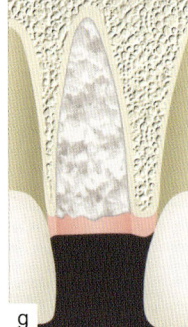

图8-9a～g 软组织成形术(拔牙前,先去除牙齿位于牙槽嵴冠方的部分,通过软组织愈合,形成创面封闭牙根冠方获得软组织增量的一种方法)。软组织封闭后,再进行拔牙和自体骨移植

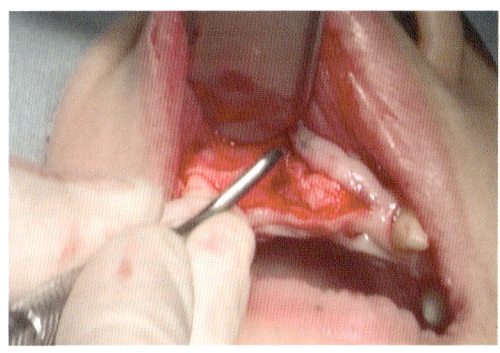

扫码观看操作视频

图8-10 对残根部进行刮除

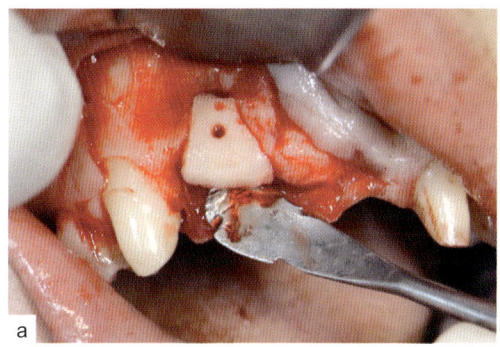

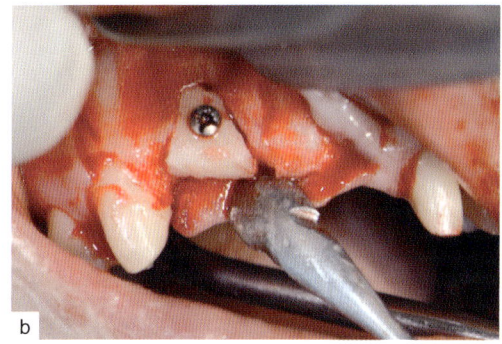

图8-11a、b 将从下颌支采集的块状骨植入拔牙窝进行固定

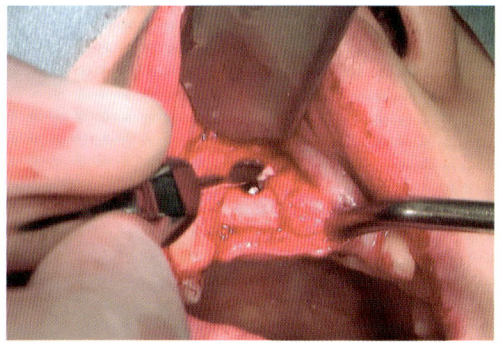

扫码观看操作视频

图8-12 在拔牙窝和移植骨之间填充碎骨

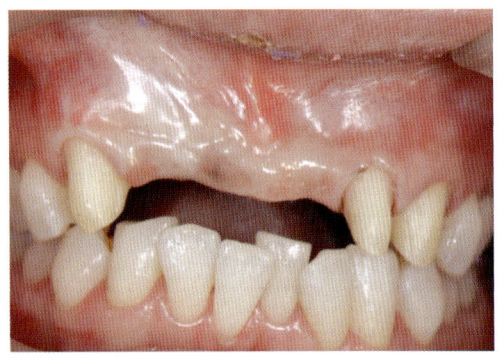

图8-13 在牙龈凹陷部位,进行了一些上皮下结缔组织的移植

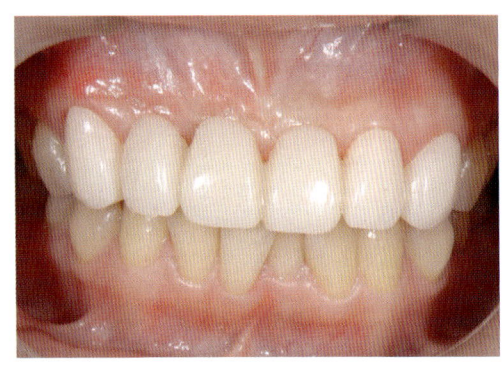

图8-14 对于临时冠桥(Provisional-Bridge),应在听取患者意见的基础上,研讨各个牙冠的形态、大小、平衡等

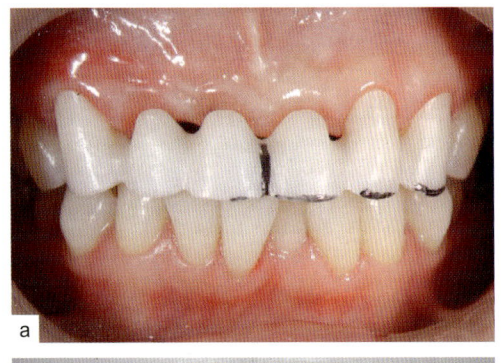

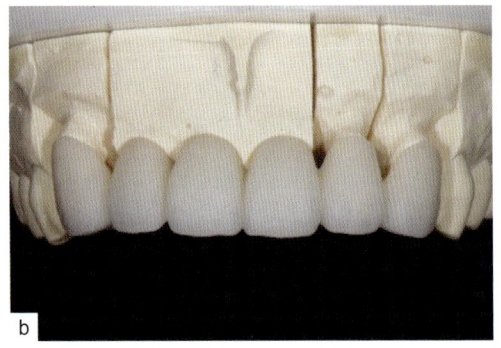

图8-15a、b 根据支架的就位情况,调整牙长轴、形态、大小和前导。在Lava(3M)的氧化锆支架上烧制VITA VM 9(氧化锆陶瓷)

第8章 美学区的块状骨移植

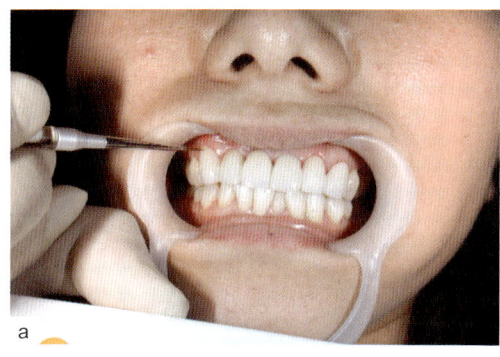

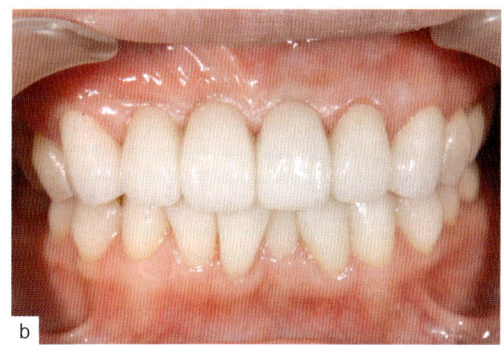

图8-16a、b 通过椅旁染色法进行精细的色调调整

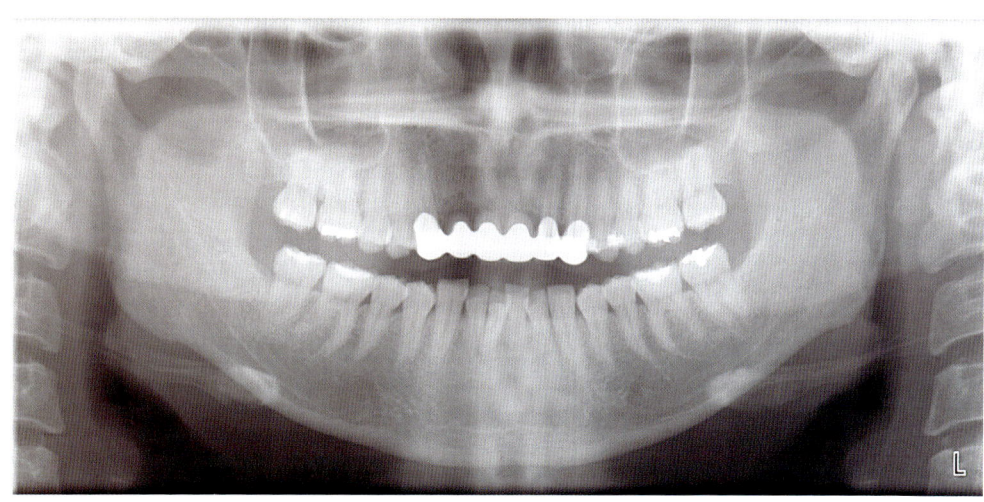

图8-17 术后1年的全景片

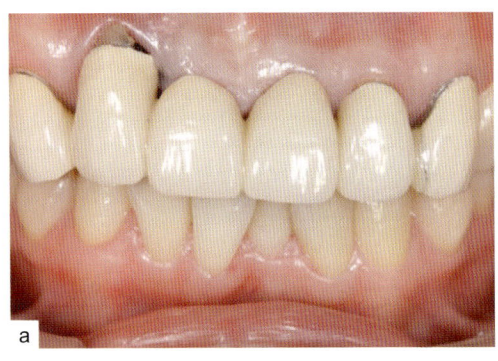
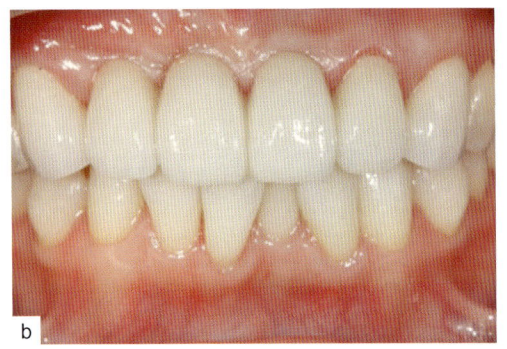

图8-18a、b 术前和术后的比较。2|的软硬组织也得到了改善

病例8-1：下颌All-on-4种植即刻负重术中超声骨刀截骨联合Onlay植骨（图8-19～图8-27）

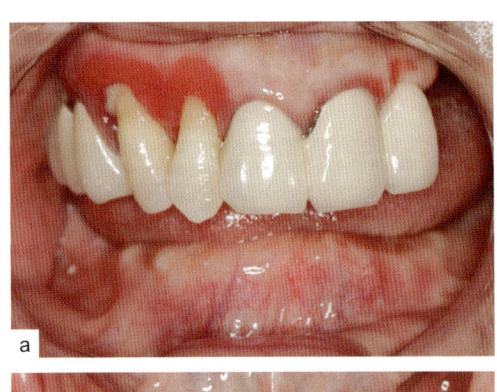
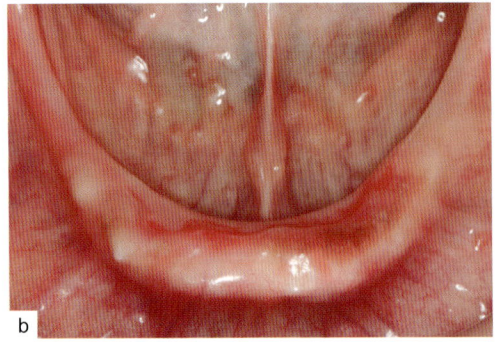

图8-19a、b 下颌无牙颌口内照片，拟行下颌All-on-4种植即刻负重

第8章 美学区的块状骨移植

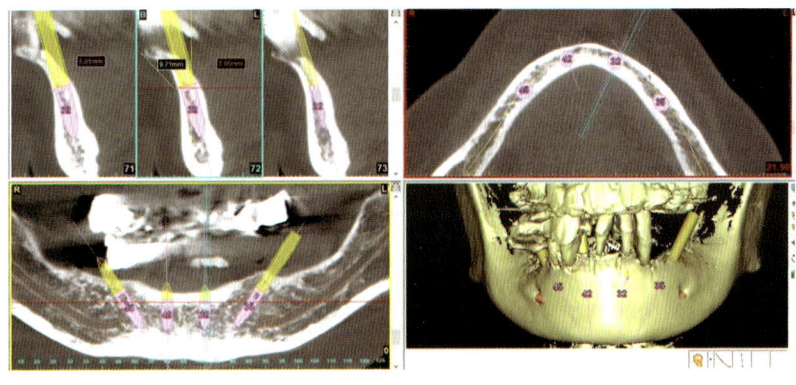

图8-20 下颌无牙颌术前CBCT影像及数字化种植方案设计

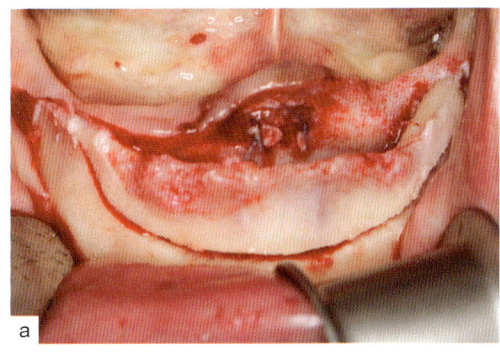

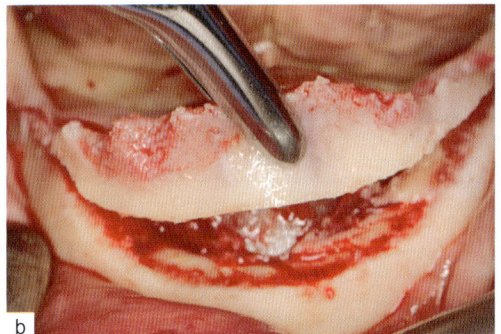

图8-21a、b 使用超声骨刀进行精准骨切开

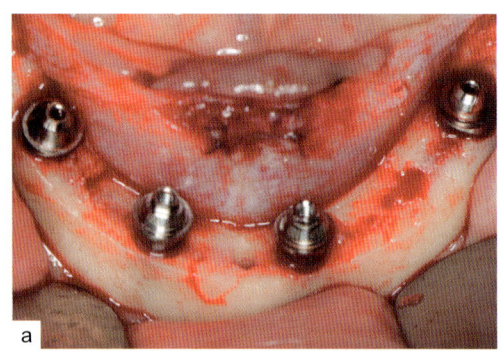
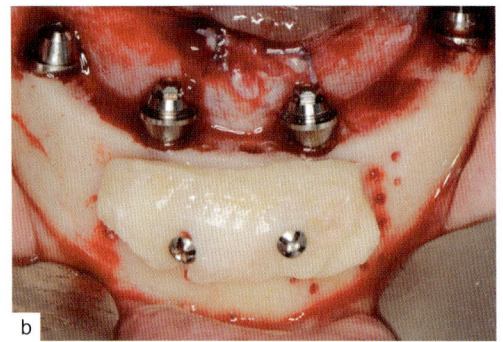

图8-22a、b 下颌All-on-4种植体植入，初期稳定性良好，安装复合基台，下颌前牙区 2|22 颗种植体颊侧骨厚度不足1.5mm，2|2 颊侧骨板制备滋养孔，将下颌截骨获得的骨块用超声骨刀修整后置于 2|2 种植体颊侧，接骨钉固定

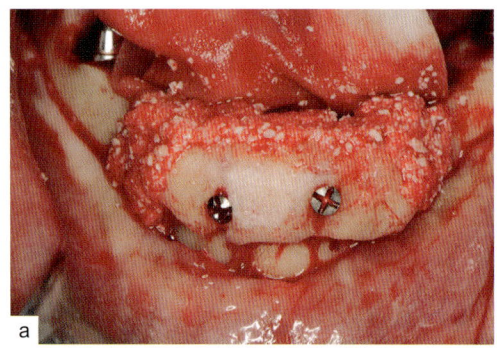
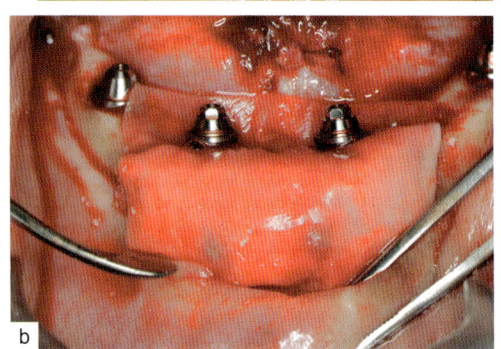

图8-23a、b 移植骨块与骨板之间的间隙填充Bio-Oss骨粉，覆盖Bio-Gide胶原膜

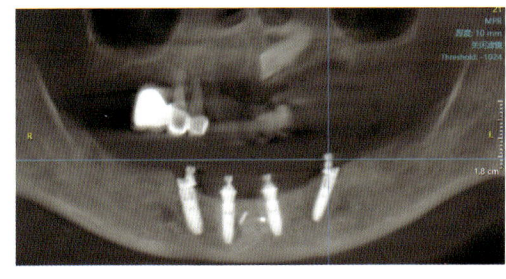

图8-24 术后CBCT检查，曲面重建影像

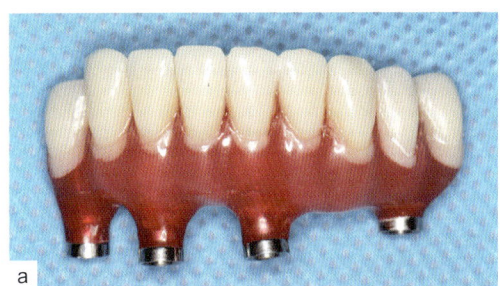

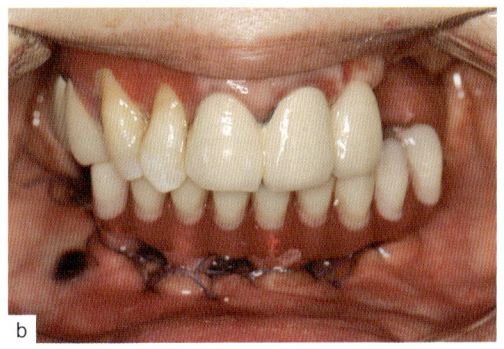

图8-25a、b 椅旁硅橡胶印模，制作临时修复体，口内戴入临时修复体

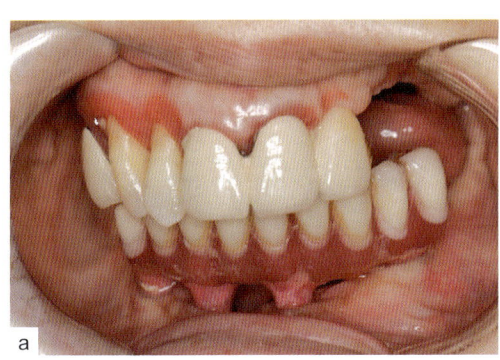

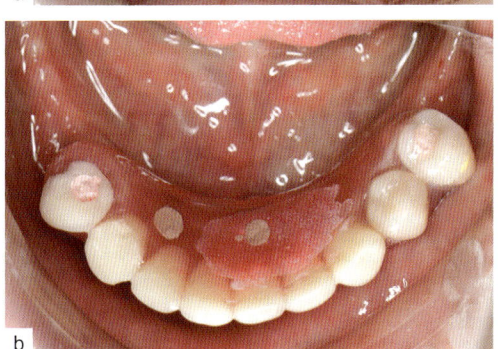

图8-26a、b 术后伤口一期愈合

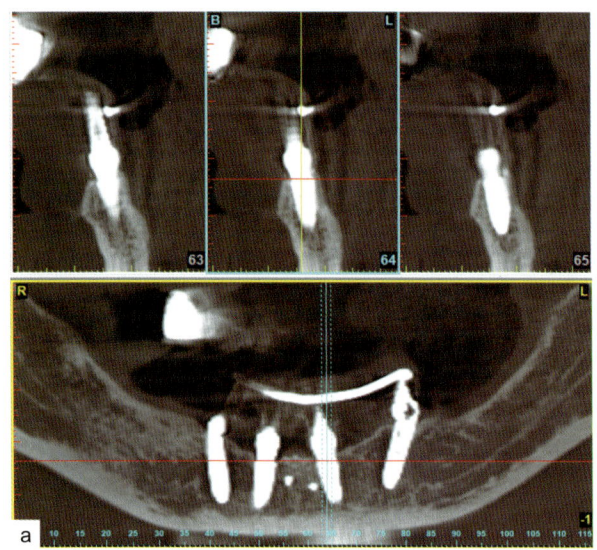 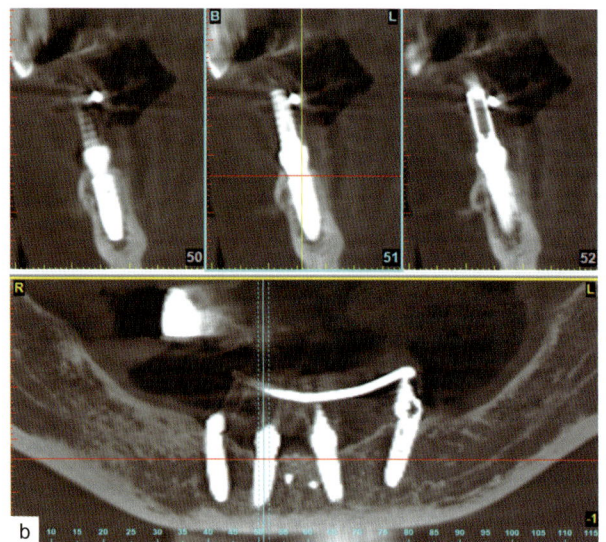

图8-27a、b 术后11个月复查(左:2̄;左:2̄)

◎ 块状骨移植的临床注意要点

为了使块状骨移植成功,需要注意下面5个临床注意要点。

1. 尽可能精确地匹配
2. 对受植床进行去皮质骨化,促进骨髓腔出血
3. 确保与受植床固定稳定
4. 在受植床和块状骨之间的间隙中,填入骨屑或骨填充材料
5. 适当且可靠的软组织缝合

在受植床进行去皮质骨化、促进骨髓腔出血的基础上,将块状骨准确地放于合适位置,使用骨螺钉等进行可靠的固定。并且,用骨屑填补其间隙,防止软组织长入间隙,并进行细致的无张力缝合。根据情况不同,有时最好与可吸收膜和釉基质蛋白等联合使用。

9

第9章

种植体植入

在本章中,笔者将着重介绍种植体植入时使用超声骨刀预备并调整种植窝的方法,对其优势和临床应用中的注意要点进行解说。

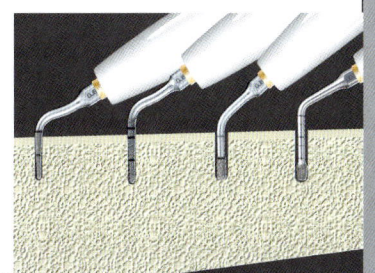

◎ 超声骨刀在种植窝预备方面的优势

以前，在种植窝的预备中，由于所使用的钻头特性，虽然适合于垂直方向的骨预备，但很多时候无法实现水平方向的骨预备（切削）。

但是，如果在VarioSurg3上安装SG15A或SG15B工作尖，就可以很容易地移动和修正种植窝的水平位置（Differential preparation），或者改变和修正植入角度。特别是像前牙区的种植体植入这种要求植入位置和角度精确度的情况，非常有效。

在靠近上颌窦的部位在进行上颌窦提升时的种植窝精细预备方面，使用SG15C或SG15D后，再使用SCL12D或SCL14D可以发挥其优势，不会对上颌窦黏膜造成较大损伤（普通钻头会损坏上颌窦黏膜），形成适当的种植窝（图9-1～图9-3，参考本书第6章应用于经嵴顶上颌窦底提升术）。

当然，尽管与传统扩孔钻相比，其切削能力较差，但却能确保精细度和安全性。在临床应用中，最好与普通扩孔钻配合使用，灵活选择，而不是仅使用VarioSurg3来形成种植窝（图9-4）。

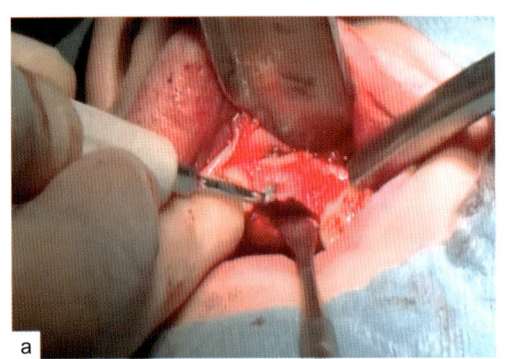
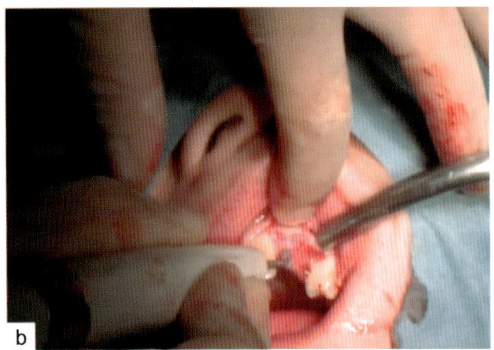

扫码观看操作视频

图9-1a、b 在|2 3缺损处精准预备种植窝。使用SG15C或SG15D后，上下移动SCL12D或SCL14D进行插入，修正确定植入位置和角度

第9章 种植体植入

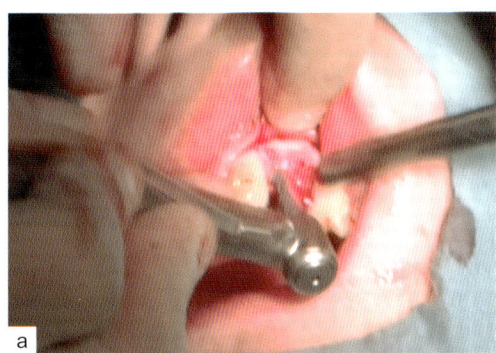

扫码观看操作视频

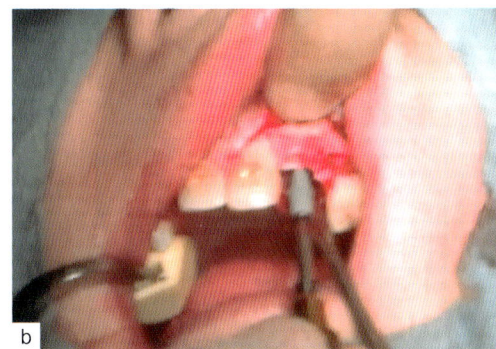

图9-2a、b 最终预备时,最好同时使用VarioSurg3和种植体扩孔钻进行操作

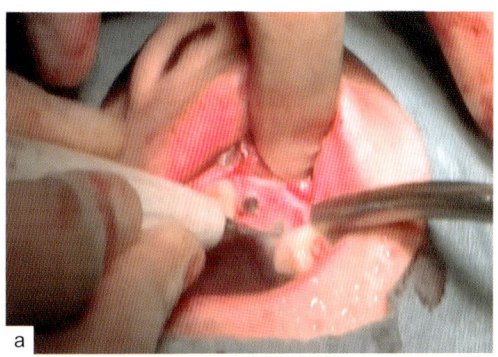

扫码观看操作视频

图9-3a、b 在 |2 3 缺损处精准预备种植窝。将SG15D朝着想切削的方向上下推拉,可以精准地控制位置和角度

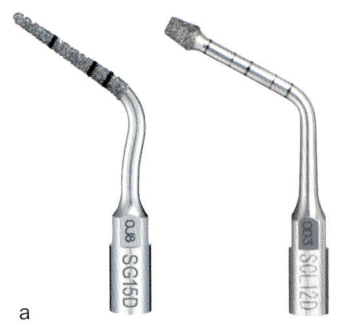
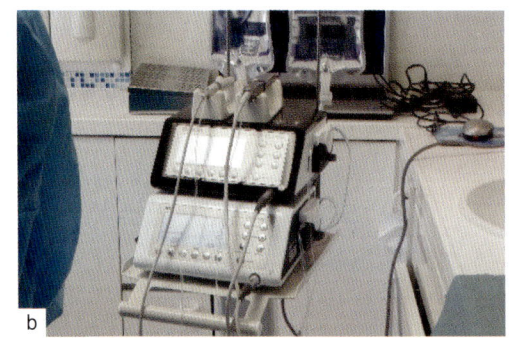

图9-4a、b VarioSurg3和种植机联动，1个踏板即可实现交替使用[SG15D（模式：SURG模式；上限功率：50%），SCL12D（模式：SURG模式；上限功率：80%）]

此外，在操作和使用种植体工作尖的过程中，由于其切削能力不如传统扩孔钻，用力按压时，手腕容易弯曲。这也会导致切削角度和方向出现问题，因此在手机的操控方面要多加注意。

◎ **使用VarioSurg3进行切牙区种植治疗**

在美学领域的种植治疗中，从Garber和Belser等学者提倡的"以修复为导向的种植体植入（Restoration-driven implant placement）"和"修复前的软硬组织的重建（Restoration-generated site development）"等观点出发，重点不只是功能恢复，还有美学方面的改善。

在这种美学修复的过程中，种植体的植入位置及其方向可根据最终修复体进行设想和决定。但是，上颌前牙区的唇侧骨的厚度约为0.6mm，由于其厚度较小，并且可能导致拔牙后的感染和外科创伤，难免会造成周围骨量和软组织量的不足，所以需要骨移植和软组织增量等高度复杂的手术方式。拔牙采用超声骨刀的手术方式，则可以最大限度地降低对颊侧骨板的损伤，并且可以避免周围牙龈的退缩。

下面提供一些应用超声骨刀的前牙区种植病例，包括从拔牙到植入和修复的一系列手术过程（图9-5~图9-18）。

第9章 种植体植入

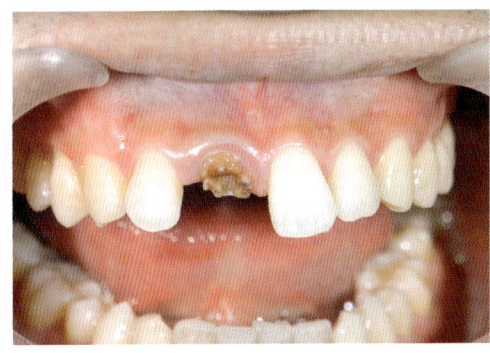

图9-5 20多岁，男性。1|为不得不拔除的状态。如果选择固定桥作为治疗方案，不仅切削健康牙齿时的创伤较大，而且从各个牙齿的位置关系来看，无法确保美观性

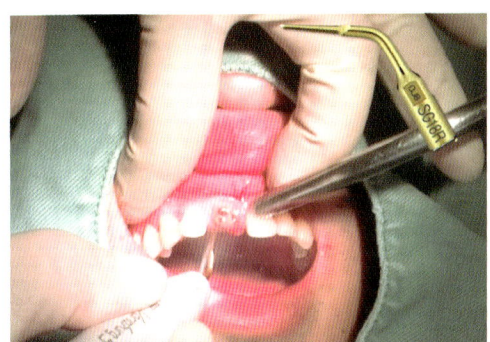

扫码观看操作视频

图9-6 使用SG17，像上下移动切开牙周膜一样，插入骨板和牙齿之间

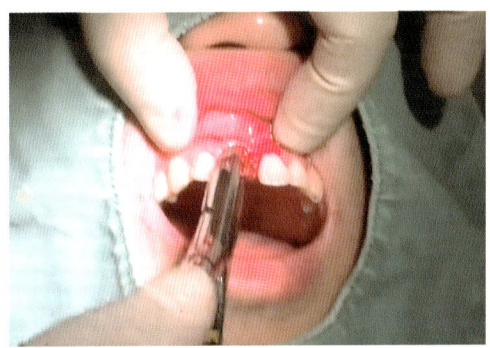

扫码观看操作视频

图9-7 唇侧骨板菲薄，拔牙时注意不要对其造成损伤

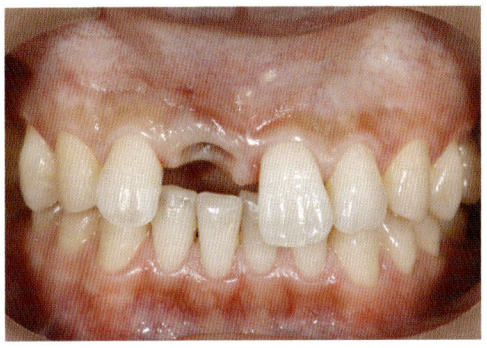

图9-8 拔牙后1个月。可见牙槽骨和牙龈等周围组织的损伤很小

097

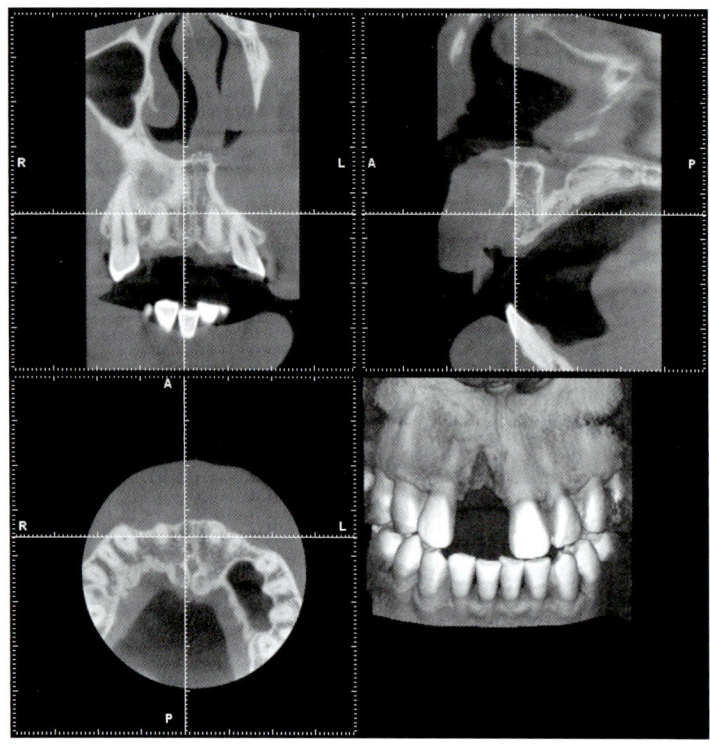

图9-9 根据CT影像掌握周围的骨量和位置关系，进行种植体植入的模拟操作

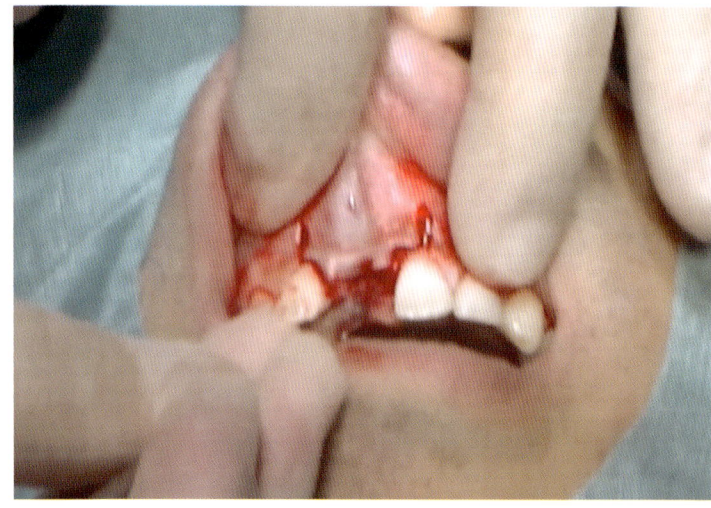

扫码观看操作视频

图9-10 剥离子紧紧地抵住骨面，从骨面上剥离

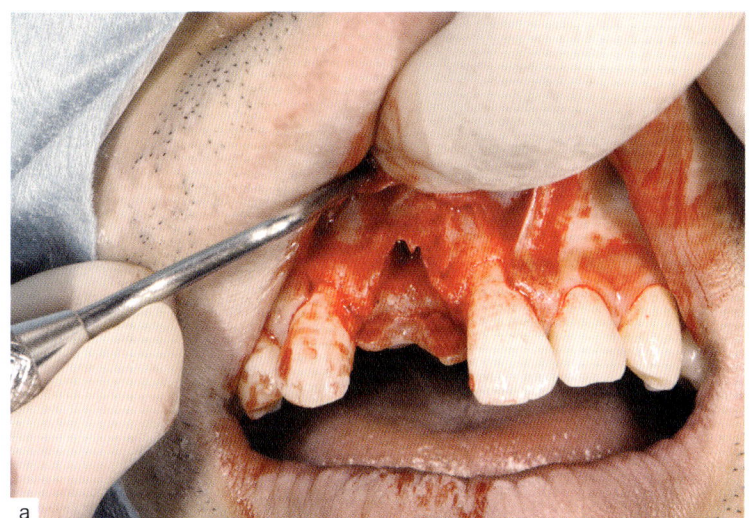

扫码观看操作视频
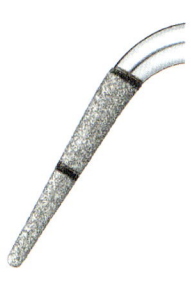
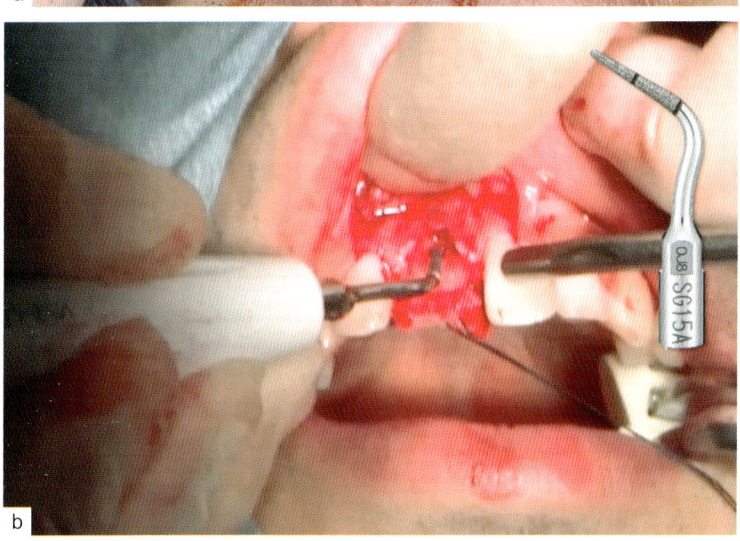

图9-11a、b 此时,参考CT影像和外科指南等来决定植入位置。握着手机的手腕是固定的,仅可上下移动手机。如果用手腕扭转的方式移动手机(扭转运动),手的操作方向会出现角度变化,需要注意(工作尖:SG15A;模式:SURG模式;上限功率:50%)

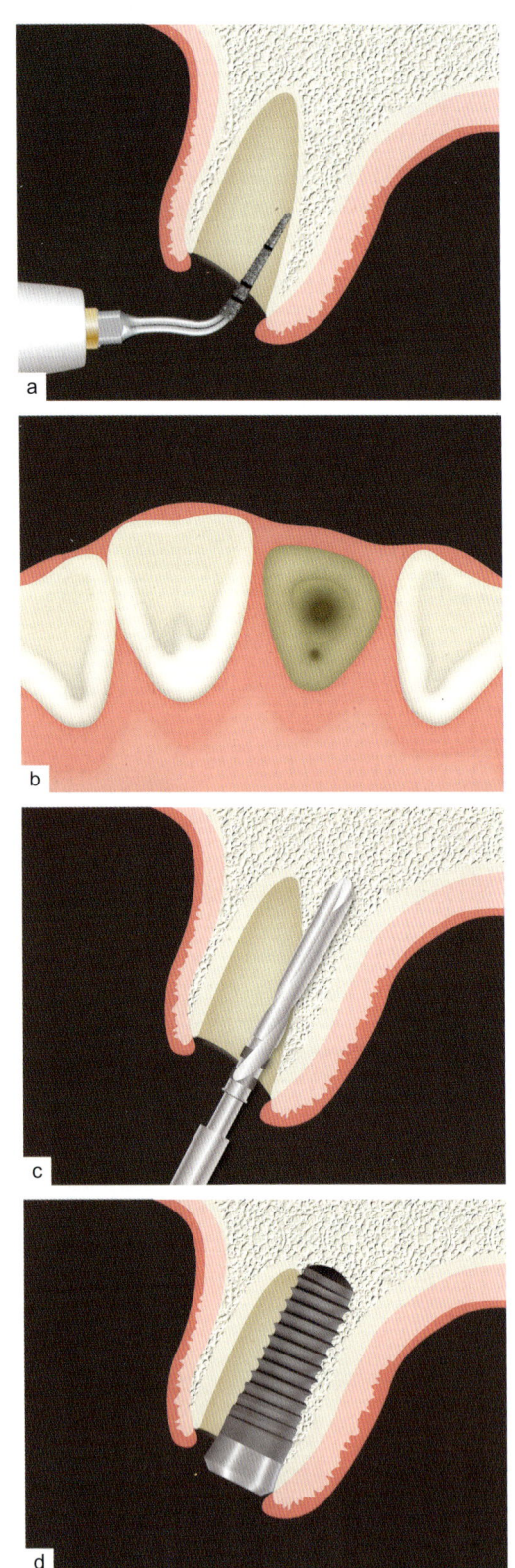

图9-12a~d 植入位置的示意图。植入位置不是根据拔牙窝,而是根据腭侧的骨量来设定的。此时,在预备拔牙窝的腭侧壁时,要谨慎操作,避免跳钻到拔牙窝

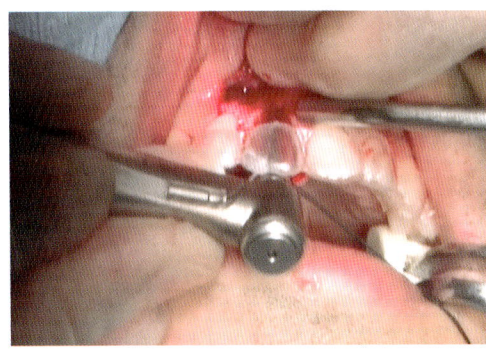

扫码观看操作视频

图9-13 使用外科导板,并用超声骨刀工作尖和扩孔钻共同完成最终预备

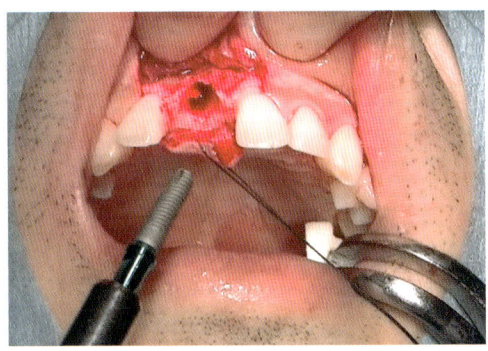

扫码观看操作视频

图9-14 注意种植体的植入位置和角度,小心谨慎地植入种植体

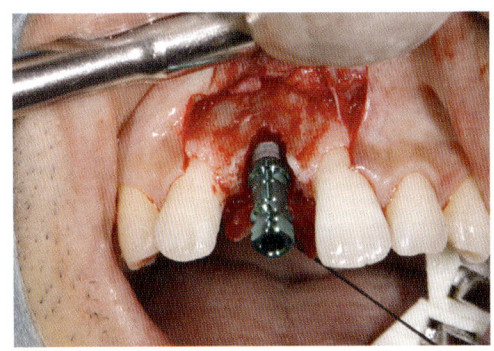

图9-15 确认理想的位置(深度、水平位置、角度)

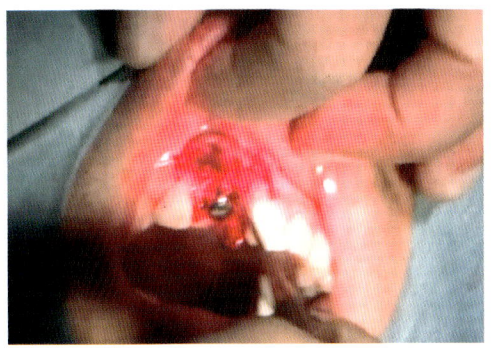

扫码观看操作视频

图9-16 在唇侧骨和种植体之间的间隙中植入从前鼻棘处采集自体骨进行填充

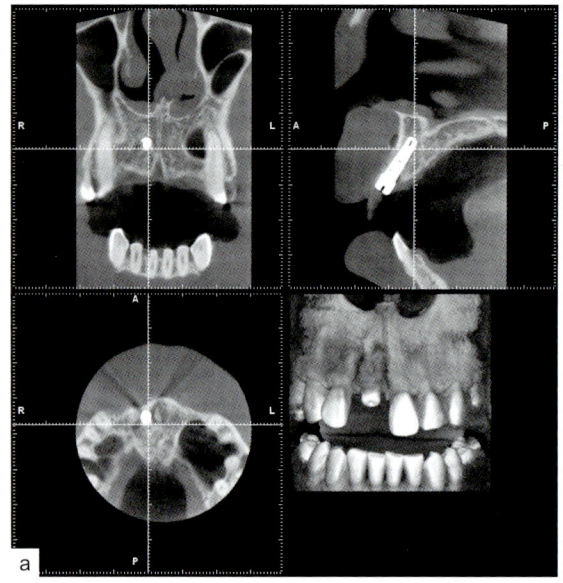

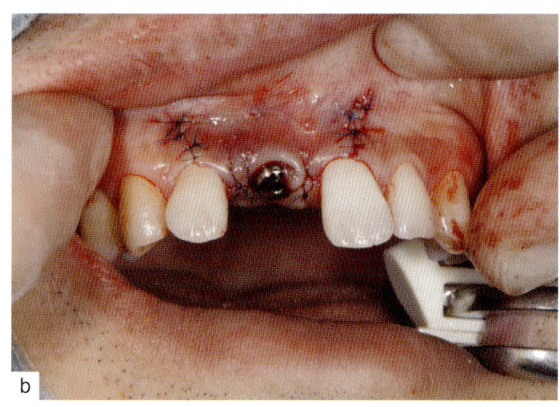

图9-17a、b 在理想的位置植入了种植体。缝合采用6-0缝合线，应考虑牙龈的美观性，细致地缝合

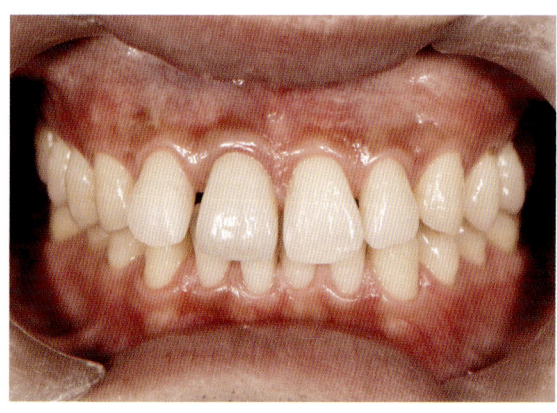

图9-18 最终的修复体。使用VarioSurg3拔牙和植入种植体，获得与周围组织和邻牙协调外观自然的效果

◎ 参考文献

[1] Aghaloo TL, Moy PK. Which hard tissue augmentation techniques are the most successful in furnishing bony support for placement?[J]. Int J Oral Maxillofac Implants, 2007, 22: 49–70.

[2] Araujo MG, Lindhe J. Dimentional ridge alterations following tooth extraction.An experimental study in the dog[J]. J Clin Periodontol, 2005, 32: 212–218.

[3] Araujo MG, Sukekava F, Wennstrom JL, et al. Ridge alterations following implant placement in the fresh extraction sockets: an experimental study in the dog[J]. J Clin Periodontol, 2005, 32: 645–652.

[4] Ashman A, Bruins P. Preservation of alveolar bone loss postextraction with HTR grafting material[J]. Oral Surg Oral Med Oral Pathol, 1985, 60(2): 146–153.

[5] Avila-Ortiz G, De Buitrago JG, Reddy MS. Periodontal regeneration-furcation defects: a systematic review from the AAP Regeneration Workshop[J]. J Periodontol, 2015, 85(2 Suppl): S108–S130.

[6] Boni M. Mobilization of the inferior alveolar nerve with simultaneous implant insertion: A new technique.Case report[J]. Int J Periodontics Restorative Dent, 2005, 25:375–383.

[7] Botticelli D, Berglundh T, Lindhe J. Hard-tissue alterations following immediate implant placement in extraction sites[J]. J Clin Periodontol, 2004, 31(10): 820–828.

[8] Boyne PJ, James RA. Grafting of the maxillary sinus floor with autogenous marrow and bone[J]. J Oral Surg, 1980, 38: 613–616.

[9] Clavero J, Lundgren S. Ramus or chin grafts for maxillary sinus inlay and local onlay augmentation: Comparison of donor site morbidity and complications[J]. Clin Implant Dent Relat Res, 2003, 5:154–160.

[10] Enneking WF, Eady JL, Burchardt H. Autogenous cortical bone grafts in the reconstruction of segmental skeletal defects[J]. J Bone Joint Surg Am, 1980, 62(7):1039–1058.

[11] Garber DA, Belser UC. Resroration-driven implant placement with restoration-generated site development[J]. Compend Contin Educ Dent, 1995, 16(8): 796, 798–802, 804.

[12] Zucchellio G. Mucogingival Esthetic Surgery[M]. Surrey: Quintessence Publishing, 2013.

[13] Gray JC, Elves MW. Donor cell contribution to osteoporosis in experimental cancellous bone grafts[J]. Clin Orthop, 1982, 163: 261–271.

[14] Grenga V, Bovi M. Piezoelectric Surgery for Exposure of Palatally Impacted Canines[J]. J Clin Orthod, 2004, 38（8）: 446–448.

[15] Grunder U. Stability of the mucosal tomography around single-tooth implants and adjacent teeth: 1-year results[J]. Int J Periodontics Restorative Dent, 2000, 20(1): 11–17.

[16] Happe A. Use of a piezoelectric surgical device to harvest bone grafts from the mandibular ramus: report of 40 case[J]. Int J Periodontics Restorative Dent, 2007, 27: 241–249.

[17] Jensen J, Simonsen EK, Sindet-Pedersen S. Reconstruction of the severely resorbed maxilla with bone grafting and osseointegrated implants: A preliminary report[J]. J Oral Maxillofac Surg, 1990, 48: 27–32.

[18] Kan JY, Rungcharassaeng K, Umezu K, et al. Dimensions of peri-implant mucosa: an evaluation of maxillary anterior single implant in humans[J]. J Periodontol, 2003, 74(4): 557–562.

[19] Katsuhisa O, Katsuhiko K. Treatment design of anterior aesthetic site[M]. Tokyo: Dental Diamond, 2014.

[20] Langer B. Spontaneous in site gingival augmentation[J]. Int J Periodontics Reastrative Dent, 1994, 14(6): 524–535.

[21] Lazza RJ. Immediate implant placement into extraction sites: surgical and restorative advantages[J]. Int J Periodontics Restrative Dent, 1989, 9(5): 332–343.

[22] Lekovic V, Kenney EB, Weinlaender M, et al. Bone regenerative approach to alveolar ridge maintenance following tooth

extraction. Report of 10 cases[J]. J Periodontol, 1997, 68(6): 563–570.

[23] Misch CM. Use of the mandibular ramus as a donor site for onlay bone grafting[J]. J Oral Implantol, 2000, 26:42–49.

[24] Ogawa K. Implant treatment starting from the beginning[M]. Tokyo: Quintessence Publishing, 2013.

[25] Zuhr O, Hürzeler M. Plastic-Esthetic Periodontal and Implant Surgery: A Microsurgical Approach[M]. Surrey: Quintessence Publishing, 2012.

[26] Solar AG. Preserving alveolar ridge anatomy following tooth removal in conjunction with immediate implant placement: The Bio-Col technique[J]. Atlas Oral Maxillofac Surg Clin, 1999, 7(2): 39–59.

[27] Smiler DG, Holmes RE. Sinus lift procedure using porous hydoroxyapatite: A preliminary clinical report[J]. J Oral Implantol, 1987, 23: 239–253.

[28] Smiler DG, Johnson PW, Lozada JL, et al. Sinus lift grafts and endosseous implants[J]. Dent Clin North Am, 1992, 36: 151–188.

[29] Sohn DS, Ahn MR, Lee WH, et al. Piezoelectric Osteotmy for intraoral harvesting of bone blocks[J]. Int J Periodontics Restorative Dent, 2007, 27:127–131.

[30] Stubinger S, Kuttenberger J, Filippi A, et al. Intraoral piezosurgery: Preliminary result of a new technique[J]. J Oral Maxillofac Surg, 2005, 63:1283–1287.

[31] Summers RB. A new concept in maxillary implant surgery: The osteotome technique[J]. Compendium, 1994, 15: 152, 14–156, 158.

[32] Summers RB. Conservative osteotomy technique with simultaneous implant insertion[J]. Dent Implantol Update, 1996, 7: 49–53.

[33] Summers RB. The osteotome technique. Part Ⅲ-The ridge expansion osteotomy（REO）procedure[J]. Compendium, 1994, 15: 698, 700, 702–704.

[34] Summers RB. The osteotome technique. Part Ⅳ-Future site development[J]. Compend Contin Educ Dent, 1995, 16: 1080–1092.

[35] Vercellotti T. ESSENTIALS IN PIEZOSUEGERY Clinical Advantages in Dentistry[M]. Milano: Quintessence Publishing, 2009.

[36] [Vercellotti T, Nevins ML, Kim DM, et al. Osseous response following resective therapy with piezosurgery[J]. Int J Periodontics Restorative Dent, 2005, 25: 543–549.

[37] Vercellotti T. Piezoelectric surgery in implantology: A case report-A new piezoelectric ridge expansion technique[J]. Int J Periodontics Restorative Dent, 2000, 20: 359–365.

[38] Wang HL, Al-Shammarik. HVC ridge deficiency classification: a therapeutically oriented classification[J]. Int J Periodontics Restorative Dent, 2002, Aug 22 (4): 335–343.

[39] Wang HL, Kiyonobu K, Nevia RF. Socket augmentation:rationale and technique[J]. Imprant Dent, 2004, 13(4): 286–296.

[40] Wennstron JL. Mucogingival consideration in orthodontic treatment[J]. Semin Orthod, 1996, 2(1): 46–54.

[41] 川奈裕正, 朝波惣一郎, 行木秀生. インプラント治療に役立つ外科基本手技:切開と縫合テクニックのすべて[M]. 東京:クインテッセンス出版, 2000.

[42] 船登彰芳. インプラントの近未来を探るＯＪ 3rdミーティング抄録集: 抜歯およびインプラント埋入時期[J]. Quintessence Dental Implantology, 2005, 別冊:18–27.

[43] 渡部文彦, 多和田泰之, 廣安一彦他. インプラント治療のためのアシスタントワークとメインテナンス[M]. 東京:クインテッセンス出版, 2005.

[44] 関根秀志. 補綴主導型インプラント治療概念の変遷と今後[J]. 日本補綴歯科学会誌, 2018, 10: 322–326.

[45] 上条雅彦. 口腔解剖学第一巻[M]. 東京:アナトーム社, 1975.

[46] 小川勝久. ピエゾサージェリーを用いた骨外科への新しいコンセプトとその臨床応用[J]. 咬み合せの科学, 2010, 30(3): 250–253.

[47] 小川勝久. 骨モデル光造形模型: 新臨床に役立つすぐれモノ[J]. デンタルダイヤモンド, 2009, 34(15): 142–145.

[48] 小川勝久. 口腔外科手術用機器ピエゾーサージェリー 新・臨床に役立つすぐれモノ[J]. デンタルダイヤモンド, 2009, 34(4): 154–157.

[49] 小川勝久. 審美領域におけるインプラント治療を考える[M]. 東京:砂書房, 2007.

[50] 小川勝久他. 新版 みるみる理解できる 図解スタッフ向けインプラント入門 別冊歯科衛生士[M]. 東京:クインテッセンス出版, 2016.

[51] 小川勝久. 特集 インプラント治療におけるピエゾサージェリーの有用性—文献考察とその臨床応用— Part2 ピエゾサージェリーで採取した骨の審美領域での臨床効用[J]. Quintessence Dental Implantology, 2008,15（6）：28-37.

[52] 小川勝久. 新板 1 から始めるインプラント治療[M]. 東京:クインテッセンス出版, 2001.

[53] 小川勝久. 一症例を通してみるインプラント治療の流れと関連器具・機材 第5回 骨移植に必要な器具・器材と基礎知識[J]. クインエッセンス デンタル インプラントロジー, 2010, 17(1): 122-127.

[54] 岩野義弘, 小田師巳, 岡田素平太他. 骨補填材&メンブレンの歴史的変遷と最新トレンド 歯槽提再生のための最適な材料および術式とは[M]. 東京:クインテッセンス出版, 2019.

[55] 野坂泰弘. CTで検証するサイナスフロアーエレベーションの落とし穴[M]. 東京: クインテッセンス出版, 2010.